新型农民现代农业技术与技能培训丛书

毛皮动物防疫员培训教材

编著者
陈庆莲 刘旭东 王洪利
于 森 隋兆峰 刘新勃

金盾出版社

内 容 提 要

本书是"新型农民现代农业技术与技能培训丛书"的一个分册，内容包括：毛皮动物防疫员的职责与素质，毛皮动物防疫员需掌握的消毒技术，毛皮动物防疫员需掌握的免疫接种技术，毛皮动物防疫员需掌握的药物预防技术，毛皮动物防疫员需掌握的一般治疗技术，毛皮动物防疫员需掌握的驱虫技术，毛皮动物防疫员需掌握的疾病扑灭技术，毛皮动物防疫员的工作记录与登记报表。全书较好地体现了本岗位当前最新实用知识和操作技能，理论深入浅出，语言通俗易懂，适用于县(市)、乡(镇)和农业企业相关工种的岗位培训，并可供广大青年农民自学使用。

图书在版编目(CIP)数据

毛皮动物防疫员培训教材/陈庆莲等编著．—北京：金盾出版社，2008.3
(新型农民现代农业技术与技能培训丛书)
ISBN 978-7-5082-4947-6

Ⅰ. 毛… Ⅱ. 陈… Ⅲ. 毛皮动物-兽疫-防疫-技术培训-教材
Ⅳ. S858.92

中国版本图书馆 CIP 数据核字(2008)第 001975 号

金盾出版社出版、总发行
北京太平路 5 号(地铁万寿路站往南)
邮政编码：100036 电话：68214039 83219215
传真：68276683 网址：www.jdcbs.cn
封面印刷：北京大天乐印刷有限公司
正文印刷：北京金盾印刷厂
装订：永胜装订厂
各地新华书店经销

开本：850×1168 1/32 印张：5.25 字数：124 千字
2008 年 3 月第 1 版第 1 次印刷
印数：1—10000 册 定价：9.00 元

序 言

中共中央国务院[2007] 1号文件明确指出,加强“三农”工作,积极发展现代农业,扎实推进社会主义新农村建设,是全面落实科学发展观、构建社会主义和谐社会的必然要求,是加快社会主义现代化建设的重大任务。

我国农业人口众多,发展现代农业、建设社会主义新农村,是一项伟大而艰巨的综合工程,不仅需要深化农村综合改革、加快建立投入保障机制、加强农业基础建设、加大科技支撑力度、健全现代农业产业体系和农村市场体系,而且必须注重培养新型农民,造就建设现代农业的人才队伍。

胡锦涛总书记在党的十七大报告中进一步指出,要培育有文化、懂技术、会经营的新型农民,发挥亿万农民建设新农村的主体作用。

新型农民是一支数以亿计的现代农业劳动大军,这支队伍的建立和壮大,只靠学校培养是远远不够的,主要应通过对广大青壮年农民进行现代农业技术与技能的培训来实现。金盾出版社在对农业岗位培训进行广泛调研的基础上,与中国农业大学老科技工作者协会、华中农业大学老教授协会等单位共同策划,约请数百名农业专家、学者参加,组织编写了“新型农民现代农业技术与技能培训丛书”(以下简称“丛书”)。“丛书”坚持以现阶段我国青壮年农民的文化技术水平出发,突出现代农业技术与技能的传授,注重其先进性和实用性;“丛书”以教材形式编写,共有88个分册,涉及81个农业岗位,除水稻农艺工、蔬菜园艺工、蔬菜植保员、果树植保员分南方本和北方本外,其他均为一个岗位一本培训教材,以方便县(市)、乡(镇)、村组织新型农民培训和农业企业进行岗位培训时选用。“丛书”的组编和出版，还得到了河北农业大学、沈阳农业大学、西北农林科技大学、甘肃农业大学、北京农学院、山东畜牧兽医职业技术学院、大连民族学院、中国农业科学院茶叶研究所、中国农业科学院油料研究所、中国农业科学院郑州果树研究所、中国农业科学院特产研究所、中国农业科学院桑蚕研究所、中国养蜂学会、内蒙古自治区农牧科学院、甘肃省蔬菜研究所、山东省果树研究所、广西壮族自治区柑桔研究所、山西省畜牧兽医研究所等单位部分专家、教授的支持和参与，并列入劳动和社会保障部《全国职业培训与技能鉴定用书目录》，进行推荐，使我们深感欣慰，在此表示衷心感谢。我们希望和相信，通过“丛书”的出版发行，能为新型农民队伍的发展壮大贡献一份力量，也能为现代农业技术与技能培训积累一些可供借鉴的经验。

“丛书”编写时间有限，各分册存在不足或错漏在所难免，恳请同仁和各使用单位批评指正。

编 委 会

2008 年 1 月

前　言

我国毛皮动物养殖业发展迅速，规模化、密集化饲养程度越来越高，随之而带来的环境微生物生态平衡受到破坏，有害微生物增多，病原的污染空间加大，导致流行疫病的种类日趋增多。每年由于多种疑难病症导致的死亡率平均可达 10%～20%。这是当前毛皮动物养殖的一大障碍，也是生产效益低的一个重要因素。此外，与家畜比较，毛皮动物驯养的时间较短，仍然保持一定的野性，不易接近，而且毛皮动物对一般的疾病有较大的抵抗力，在致病因素作用后，常不出现早期症状，经验不足或不注意观察难以发现，容易忽视，待病的症状明显时，多已病重，病程经过短促，治疗效果不佳。因此，在毛皮动物的科学饲养管理过程中，发挥防疫员的职能作用，配合兽医做好毛皮动物的防疫工作，坚持“防重于治，以防为主”的原则。在了解毛皮动物情况的基础上，做好卫生消毒工作，消除外界致病因素，开展预防接种工作，减少疾病的发生，达到预期的生产效果。

为加强对毛皮动物防疫技术人员的培训，笔者受金盾出版社委托，不揣冒昧编写了这本培训教材。力求注重实用技术，注重可操作性，注重通俗易懂，希望能为广大一线技术人员提供借鉴。

本教材的内容包括：毛皮动物防疫员的职责与素质，毛皮动物防疫员需掌握的消毒技术，毛皮动物防疫员需掌握的免疫接种技术，毛皮动物防疫员需掌握的药物预防技术，毛皮动物防疫员需掌握的一般治疗技术，毛皮动物防疫员需掌握的驱虫技术，毛皮动物防疫员需掌握的疾病扑灭技术，毛皮动物防疫员的工作记录与登记报表。

本教材编写过程中得到了金盾出版社二编室的具体指导，引用了诸多专家和同行的有关著作资料，在此一并致以谢意。由于时间仓促和笔者水平所限，不足和错误之处在所难免，敬请批评指正。

编著者

2007年11月

目 录

第一章　毛皮动物防疫员的岗位职责和素质要求

一、毛皮动物防疫员的岗位职责

为了预防和消灭毛皮动物疫病，防止毛皮动物传染病的发生，提高社会散养毛皮动物的免疫密度，落实国家强制免疫措施，根据《中华人民共和国动物防疫法》及各地方动物防疫条例和国家有关规定，毛皮动物防疫员应履行以下职责：①积极宣传“动物防疫法”等有关动物防疫的法律法规，宣传做好重大动物疫病防治工作的重要性。②自觉接受当地动物防疫机构的培训、考核，接受动物防疫机构的监督管理。③负责建立健全保管分工区域内毛皮动物的饲养、防疫登记和档案管理，翔实记录动物的存栏数量，购入、卖出、出生、死亡及治疗用药等情况。④根据当地防疫规划，制订饲养场内毛皮动物防疫卫生制度。对饲养场内的毛皮动物进行预防接种，并保质保量完成任务。同时，做好对所免疫动物健康状况的监控，发现问题及时处理和上报，并做好登记、存档。⑤负责做好分工区域内毛皮动物疫病普查工作，发现疫情，严格按照疫情报告程序，及时向当地动物防疫机构报告，并采取相应的防控措施，对可疑患病动物实施隔离封锁。不得瞒报和谎报。⑥积极参与重大动物疫情的控制和扑灭工作。⑦协助动物防疫监督机构搞好分工区域内毛皮动物监管和疫病检测抽样工作。⑧做好毛皮动物饲养场内的动物防疫的法律法规的宣传和畜牧兽医新技术、新成果的推广。⑨指导毛皮动物饲养人员、经营人员进行饲养场、仓库、屠宰场、加工厂等建设，使其符合防疫要求，做好平时预防性的清洁卫生消毒工作，并对饮水器具、出入消毒池、屠宰车间、污水处理、尸体处理设备、毛皮动物粪便处理场等进行卫生检查、监督。⑩对饲养场内购进的毛皮动物进行隔离检疫或对出售、调出前的毛皮动物及其产品进行检疫并出具证明。⑪严格执行疫情保密制度。⑫全面完成各级畜牧兽医行政管理部门和动物防疫监督机构下达的其他动物防疫工作任务。⑬对没有履行职责的毛皮动物防疫员，按照有关规定，严肃处理。

二、毛皮动物防疫员的素质要求

毛皮动物的防疫工作，涉及各养殖场(户)，工作量大，情况随时发生变化，经常处于动态管理之中。毛皮动物防疫员是国家动物防疫政策与养殖场(户)之间的桥梁和纽带，国家的防疫工作具体由毛皮动物防疫员落实到养殖场(户)，这是一个很关键的环节，因此，选好毛皮动物防疫员是做好毛皮动物防疫工作的关键和重要前提。作为一名合格的毛皮动物防疫员必须具备以下素质。

(一)爱岗敬业、责任心强，肯吃苦

毛皮动物防疫员必须热爱动物防疫事业，能够严格贯彻落实国家的动物防疫法规，有高度的工作责任心和奉献精神，肯吃苦，能够经常深入到毛皮动物饲养区，了解实际情况，对工作中出现的问题及时解决，准确真实地向有关部门反映实际情况。同时，要增强服务意识，做广大养殖饲养员的知心朋友，及时热情地为他们提供饲养管理、防病治病等方面的服务，要做到腿勤、嘴勤，能按时为毛皮动物进行防疫注射、查询病情，严格按防疫工作的有关程序开展工作。

(二)具有一定的文化和专业知识,勤学习、爱钻研

要求毛皮动物防疫员必须具有中专以上学历,并取得动物防疫员资格,能够全面掌握动物防疫的有关政策及防疫知识,及时了解当地的疫病发生情况,上报动物防疫监督部门采取相应措施,准确及时地填报各种防疫登记表、卡。防疫工作是一项技术行政工作,技术性很强,需要熟练掌握专业基础知识,并不断吸收新的知识。随着科学技术的进步,动物疫病诊断技术和理论研究也在不断地发展,许多新的检验技术也不断被实际采用,要求工作人员经常学习,更新知识,适应时代发展的要求,不断提高自己的业务能力,才能更好地胜任工作。

(三)诚实、不徇私情,秉公办事

要求毛皮动物防疫员在工作中,遵守职业纪律。从动物免疫注射、填发免疫证、防疫费收缴到协助检疫、上报疫情等工作,绝不能有半点马虎,应该严格按照"动物防疫法"等法律法规及防疫操作规程的要求去做,坚持原则,绝不能徇私舞弊,否则会使自己的工作十分被动,从而影响到养殖场的防疫工作,甚至会导致疫病流行。

在选好毛皮动物防疫员的前提下,部门领导要大力支持其工作,保证他们的工资待遇,帮助他们解决工作中存在的问题和困难,在管理上采取工资与免疫密度、发病率、死亡率等技术指标挂钩的方法,防疫工作就一定能够扎扎实实开展下去。

总之,动物防疫工作有其自身特点,表现为工作环境艰苦,技术要求高,工作量大,任务都比较急,有一定权利和重大责任,其职业道德内容和要求表现更为明显,需要从业人员严格按职业道德要求,做出艰苦细致的努力才能完成任务,使行业得到不断地发展。

第二章　毛皮动物防疫员需要掌握的消毒技术

利用物理、化学和生物方法清除并杀灭外界环境中所有病原体的措施叫消毒。为了预防毛皮动物各种传染病的发生，防止寄生虫侵害，减少普通病发生，消毒是预防工作的首要任务。毛皮动物防疫员需要了解常用的消毒方法和常用消毒药的种类、剂型、配制方法等；能选择恰当的消毒药进行消毒；会利用消毒设施、设备进行正确的消毒；能够制订不同场地、物品的消毒操作程序，并遵守消毒制度。

一、消毒的种类

根据消毒的动机和目的不同分为预防性消毒、临时性消毒和终末性消毒。

（一）预防性消毒

即在平时为预防疫病的发生而采取的定期或不定期消毒措施，如对圈舍、饲养用具、屠宰、运输工具和一切物品、设施等进行定期或不定期的各种消毒措施。

（二）临时性消毒

即紧急消毒，在发生疫病期间，为及时清除、杀灭患病动物排出的病原体而采取的消毒措施，如在隔离封锁期间，对患病动物的排泄物、分泌物污染的环境及一切用具、物品、设施等进行的多次、反复消毒。

(三)终末性消毒

即在疫病控制、平息之后，为了消灭疫区可能残留的病原体而采取全面、彻底的消毒。终末性消毒的实施质量如何，是决定以后能否继续在该地饲养健康动物的关键。

消毒对象包括患病动物、可疑患病动物及动物尸体所污染的圈舍、场地、土壤、水、饲养用具、运输工具、仓库、人体防护装备、病兽用品、粪便等。

二、常用的消毒方法

消毒的方法一般有物理消毒法、化学消毒法和生物消毒法。

(一)物理消毒法

物理消毒法是用光、电、声、热、辐射、微波、机械等物理因素消除或杀灭病原微生物及其他有害微生物的方法称为物理消毒法。包括机械清除如清扫、洗刷、通风、过滤等；干热消毒如焚烧、火焰烧灼等；湿热消毒如煮沸、高压蒸汽等；光照如阳光、紫外线照射等。

1. 机械清除　使用机械的方法清除病原体，如经常采用清扫、洗刷、通风和过滤等手段，清除存在于环境中的病原体，这种方法虽然不能直接杀灭病原体，但可大大减少环境中和物体表面病原体的数量。因此，在工作实践中最常用，且简单易行。在使用过程中可以和化学药品相结合，即先机械清除后，再用药物消毒效果较好。

2. 干热消毒　干热是指空气相对湿度在 20%以下的高热。干热消毒灭菌是由空气导热，传热效果较慢。一般细菌的繁殖体在干热 80℃～100℃中经 1 小时可以杀死，细菌芽孢需 160℃～

170℃经2小时方可杀死。主要有以下几种方法。

(1)焚烧法　用于疫病病兽尸体、病兽垫草、病料以及污染的垃圾、废弃物等物品的消毒,可直接点燃或在焚烧炉内焚烧。

(2)烧灼法　烧灼是直接用火焰灭菌。适用于实验室的接种针、接种环、试管口、玻璃片;兽笼、金属性的食盆等不怕热的器材的消毒或灭菌。

(3)热空气消毒法　利用干热空气进行消毒。主要用于各种耐热玻璃器皿如试管、吸管、烧瓶及培养皿等实验器材的消毒,这种消毒法是在一种特制的电热干燥箱内进行的。由于干热的穿透力低,因此箱内温度上升至160℃后,保持2小时才可杀死所有病原体及其芽孢。

3. 湿热消毒　湿热消毒是由空气和水蒸气导热,传热快,穿透力强,湿热消毒法比干热消毒法所需温度低、时间短。

(1)煮沸消毒法　煮沸消毒是最常用的消毒方法之一,此法操作简便、经济、实用且效果比较可靠,适用于一般器械如刀剪、注射器、针头等的消毒。煮沸消毒可用有盖煮锅,也可用煮沸消毒器。国产煮沸消毒器有2类:电热煮沸器和用酒精灯加热的煮沸器。

煮沸消毒法杀灭病原体能力较强,一般沸腾(100℃)后再煮5～15分钟,能杀死所有的病原体。但细菌芽孢的抗煮沸能力较强,有些芽孢需煮沸15分钟,有的需要煮沸5～6小时才能将其杀灭。煮沸消毒时,若在水中加入增效剂则可以提高煮沸消毒的效果。如在煮沸金属器械时加入1%～2%碳酸钠或碳酸氢钠,可使溶液偏碱性,增强杀菌力,同时还可减缓金属氧化,具有一定的防锈作用。若在水中加入2%～5%石炭酸,煮沸10～15分钟即可杀死炭疽杆菌的芽孢。对不耐热的物品,在水中加入0.2%甲醛或0.01%升汞,80℃维持60分钟,也可达到灭菌的目的。在选用增效剂时,应注意其对物品是否有腐蚀性。

煮沸消毒时,消毒时间应从水煮沸后开始计算,各种器械煮沸时间参考表 2-1。煮沸过程中不要加入新的消毒物品。被消毒物品应全部浸入水中，消毒注射器时，针筒、针芯、针头都应拆开分放。1 次消毒物品不宜过多，一般应少于消毒容器量的 3/4。煮沸消毒棉织物时，应适当搅拌。

表 2-1　各类器械煮沸消毒所需要的时间

消毒对象	时间(分钟)
玻璃类器械	20～30
橡胶类及电木类器材	5～10
金属类及搪瓷类器材	5～15
接触过疫病的器材	30 以上

(2)*流通蒸汽消毒法*　流通蒸汽消毒法又称为常压蒸汽消毒法。是指在 1 个标准大气压下，用 100℃左右的水蒸气进行消毒。这种消毒方法常用于不耐高温、高压物品的消毒。

流通蒸汽消毒时，消毒时间应从水沸腾后有蒸汽冒出时开始计算，消毒时间同煮沸法。消毒物品包装不宜过大、过紧。吸水物品不要浸湿后放入。

因在常压下，蒸汽温度达不到 100℃，维持 30 分钟，能杀死细菌的繁殖体，但不能杀死细菌的芽孢和真菌孢子。所以，有时必须采用间歇灭菌法。方法是用蒸汽灭菌器或用蒸笼加热约 100℃保持 30 分钟，每天进行 1 次，连续 3 天。第一次加热后，细菌的繁殖体即被杀灭，而芽孢还能存活，为了使芽孢发芽成繁殖体，将被消毒的物品过夜，第二天再加热 1 次，则可杀死由芽孢生成的繁殖体。为了达到彻底灭菌，按上法再进行第三次加热，这样所有的芽孢将被杀灭。应用间歇灭菌法，在间歇期必须提供芽孢发芽所需条件。对不具备芽孢发芽条件的物品，则不能用此法灭菌。

(3)*巴氏消毒法*　巴氏消毒是利用热力杀死物品中的病原菌及其他细菌的繁殖体(不包括芽孢和嗜热菌)，而不致严重损害物品质量的一种方法，主要用于牛奶消毒。

牛奶的巴氏消毒有2种方法：一是加热至63℃～65℃，至少保持30分钟，然后迅速冷却至10℃以下；二是加热至71℃～75℃，至少保持15分钟，然后迅速冷却至10℃以下。这两种方法也称冷击法，可使牛奶消毒，也有利于鲜牛奶转入冷库保存。近年来，有些大城市因供应大量的牛奶，常采用超高温巴氏消毒法，即将鲜牛奶通过不低于132℃的管道1～2秒钟，然后迅速冷却，从而达到消毒目的。这种方法可使牛奶在常温下保存期延长至半年左右。

(4)高压蒸汽灭菌法　高压蒸汽灭菌为杀菌效果最好的灭菌法，利用高压蒸汽灭菌器进行灭菌。在密闭条件下，蒸汽压力愈大，则灭菌器内温度愈高，杀菌效力愈强。通常压力表达到1×10^5帕，此时温度为121.3℃，经30分钟即可杀灭所有的细菌繁殖体和芽孢，此法常用于耐高热的物品，如普通培养基、玻璃器皿、金属器械、敷料、针头等的灭菌。

(二)化学消毒法

化学消毒法是采用化学消毒药品使病原微生物的生长繁殖发生障碍引起死亡从而达到杀灭病原微生物的目的。本法包括喷雾、熏蒸、浸泡等消毒方法。

1. 喷雾法　把药液装在喷雾器内，手动(小型喷雾器)或机动(大型喷雾器)加压使消毒液呈雾粒状喷出，均匀地滴落在物体表面或地面。消毒时一般从上到下，从里到外顺序进行。

2. 熏蒸法　将消毒药加热或利用药品的理化特性使消毒药形成含药的蒸汽。一般用于空间消毒或密闭消毒室内物品消毒，如优氯净，或福尔马林配合高锰酸钾等熏蒸消毒。

3. 喷洒法　一般是将药液先装入喷壶或消毒用的高压枪里，然后靠手动或电力自动加压，使消毒液均匀地洒到物体表面或地面。场地和圈舍消毒时常用此法。因此,它是使用频率最高的一种方法。

4. 冲洗法　可采用各种不同的压力喷洗,冲入的药液视不同的消毒对象而定。

5. 浸泡法　就是将消毒物品浸没在一定深度的消毒液中,浸泡一定时间后再取出,如皮毛的浸渍法和器械浸泡法。为了提高消毒效果,消毒对象必须在新配制消毒液中浸泡数小时,最少不得少于30分钟。

6. 洗刷法　用毛刷等蘸取按要求浓度配制好的消毒液适量,在动物体表或物品表面洗刷。对金属物品洗刷消毒时应禁用有腐蚀性的药品。

7. 涂擦法　用抹布蘸取消毒液在物体表面擦拭消毒,或用脱脂棉球浸湿消毒液在皮肤、黏膜、伤口等处进行涂擦等。驱除动物体表寄生虫常用此法。

8. 撒布法　将粉剂型消毒药均匀地撒布在消毒对象表面,如用生石灰加适量水使之松散后,撒布在潮湿地面、粪池周围及污水沟进行消毒。

9. 拌和法　对粪便、垃圾等内、外均有病原体的污物消毒时,可用粉剂型消毒药品与其拌和均匀,堆放一定时间,就能达到消毒目的。例如,将漂白粉与粪便按1∶5的比例拌和均匀,可进行粪便的消毒。此法因操作麻烦不常用。

由于化学性消毒药品的用量和消毒效果较易控制且消毒迅速、效率高,因此普遍采用。消毒效果与药液的浓度、数量、作用时间、消毒环境中有机物的存在与否及病原微生物对药物敏感性等有关。

(三)生物消毒法

生物消毒法是指根据生态学的原理,利用微生物间的拮抗作用或用生物热杀灭、清除病原体的方法。例如，利用粪便、土壤中嗜热菌繁殖产热可使温度升高到65℃～80℃，经过3～6周可杀死病原微生物、寄生虫幼虫和虫卵，但此法对细菌中的芽孢菌无效。本法常用生物发酵处理来消灭粪便、污水中污染的非芽孢型菌、寄生虫幼虫及虫卵。其方法是在地面挖一个宽1～2米、深0.2米和适宜长度的土沟，先放一层健康兽粪便垫底，再堆积1～2米高病兽粪便和污染的垫草。堆积成金字塔形，两侧斜度为70°，堆好后用泥封。夏天堆1个月，冬天堆3个月后可作为作物肥料。

三、消毒方法的选择

为使消毒工作顺利进行，取得较好效果，须根据不同情况，选择适当方法。一般应考虑以下几个问题。

（一）病原体的种类

不同传染病病原体各有特点，对不同消毒方法的耐受性不同。例如，细菌芽孢对各种消毒措施的耐受力最强，必须用杀菌力强的灭菌剂、热力或辐射处理，才能取得较好效果。故一般将其作为最难消毒的代表。其他如结核杆菌对热力消毒敏感，而对一般消毒剂的耐受力却比其他细菌为强。真菌孢子对紫外线抵抗力很强，但较易被电离辐射所杀灭。肠道病毒对过氧乙酸的耐受力与细菌繁殖体相近，但季铵盐类对之无效。肉毒杆菌毒素易为碱破坏，但对酸耐受力强。至于其他细菌繁殖体和病毒、螺旋体、支原体、衣原体、立克次氏体对一般消毒处理耐受力均差，常见消毒方法一般均能取得较好效果。

（二）消毒对象的性质

同样消毒方法对不同性质物品、效果往往不同。对油漆光滑的墙面，喷洒药液不易停留，应以冲洗、擦拭为宜。对较粗糙墙面，易使药液停留，可用喷洒消毒。环氧乙烷熏蒸，对易于吸收药物的布、纸张效果较好，而对金属表面，须延长时间。粪便、痰液消毒不宜用凝固蛋白质药物处理，因蛋白质凝固对病原体可起保护作用，高压蒸汽杀菌效果虽好，但不宜用于毛皮、塑料和人造纤维制品。高浓度过氧乙酸或含氯消毒剂如漂白粉浸泡纺织品，来苏儿液多次长时间浸泡乳胶手套，均可造成损坏。对于食品及食具不宜用有毒或有恶臭的消毒液处理。

（三）消毒场所的特点

消毒应考虑当地条件。在室内消毒时，密闭性好的房屋，可用熏蒸消毒，密闭性差者应用消毒液擦拭或喷洒。通风良好的房屋，可用通风换气法消毒，通风换气不良，污染空气长期贮留处应当用药物熏蒸和喷洒。

（四）卫生防疫方面要求

不同条件下传播机会不同，在防疫方面要求不同。传染病流行时，发病严重的疫区，应集中应用效力好的药物与器械。发病少的地区，可采用简易消毒方法。

四、常用的消毒药

（一）常用消毒药的种类、剂型

1. 碱类　强碱化合物包括钠、钾、钙和铵的氢氧化物；弱碱化合物包括碳酸盐、碳酸氢盐和碱性磷盐。养殖场常用的碱类消毒药为氢氧化钠和生石灰。碱制剂对细菌、病毒和细菌芽孢都有强大杀灭作用，可用于多种传染病消毒。

(1)氢氧化钠(又称苛性钠、火碱)　为白色或微黄色的块状或棒状物质，易溶于水和醇，放置在空气中易吸收二氧化碳和水分而潮解，故需密闭保存。

本品的杀菌作用很强，常用于病毒性污染及细菌性污染的消毒，对细菌芽孢和寄生虫卵也有杀灭作用。本品常用于养殖场环境、用具消毒。氢氧化钠的用法：2%的溶液用于病毒性和细菌性污染的消毒；5%的溶液用于杀灭细菌芽孢。使用时应注意，本品对金属有腐蚀性，能烧伤皮肤和黏膜，喷洒6～12小时后用清水冲洗干净，防止引起动物肢蹄及其他损伤。对纺织品、漆面等有损害作用，也应注意对人体自身的防护。

粗制烧碱或固体碱含氢氧化钠94%左右，由于价格较低，常代替精制氢氧化钠作消毒药。

(2)生石灰　生石灰为白色的块或粉状物，主要成分是氧化钙(CaO)，加水即成氢氧化钙[$Ca(OH)_2$]，俗称熟石灰，属强碱性，吸湿性很强。

本品为价廉易得的良好消毒药，对一般病原体有效，对芽孢和杆菌无效。常用于墙壁、地面、粪池及污水沟等的消毒。消毒浓度为10%～20%。生石灰可从空气中吸收二氧化碳(CO_2)变成碳酸钙沉淀而失效，故石灰乳须现用现配，不宜久贮。

2. 酸　类

(1)乳酸　本品为无色澄明或微黄的糖浆状液体，无臭、味酸，能与水或醇任意混合，放置在空气中有吸湿性，故应密闭保存。

本品对多种病原体具有杀灭和抑制作用，它的蒸汽或喷雾用于消毒空气，能杀死流感病毒及某些革兰氏阳性菌。用量为0.06～0.12毫升/立方米，将本品加水24～48毫升，将其稀释为20%浓度，消毒30～60分钟。用乳酸蒸汽消毒仓库，用量为0.1毫升/立方米，加水10～20毫升，将其稀释为33%～50%浓度，加热蒸发。本品用于空气消毒时，杀菌力不够强，但低毒。

(2)盐酸　2.5%盐酸和15%食盐水等量混合,保持液体30℃左右,可用于炭疽芽孢污染消毒,浸泡40小时。

3. 醇类　乙醇(即酒精),为无色透明液体,易挥发、易燃烧。市售医用乙醇浓度,按重量计算不低于92.3%,按体积计算不低于94.58%。乙醇可杀灭一般的病原体,但不能杀死细菌芽孢,多用75%浓度进行皮肤消毒和器械消毒。

4. 酚类　煤酚皂溶液(即甲酚皂溶液、来苏儿),为黄色至红棕色的黏稠液体,有甲酚的臭味,易溶于水或醇,本品含甲酚50%。

本品的杀菌力强于苯酚,可杀灭一般的病原体,但不能杀灭细菌芽孢。主要用于畜禽舍、用具和排泄物的消毒。3%～5%水溶液用于消毒器械、物品,5%～10%水溶液用于药浴和圈舍排泄物消毒。

本品对皮肤和黏膜有刺激性,使用时注意自身防护。本品有臭味,不能用于肉品、蛋品的消毒。酚类还可用复合酚(农乐)0.5%～1%水溶液作养殖场环境消毒,但不得和碱性药物混用。

5. 氯制剂　氯消毒剂是各种形式的能释放氯的化合物。无机化合物有漂白粉、次氯酸钙和次氯酸钠,有机化合物有氯胺-T,二氯异氰尿酸钠等。

(1)漂白粉　本品是次氯酸钙、氯化钙和氢氧化钙的混合物,为灰白色粉末,有氯臭,易溶于水,含有效氯25%～30%,一般以含有效氯25%为合格产品,有效氯低于16%即不宜应用,因此,在使用和贮存漂白粉前应测定其有效氯含量。本品放置在空气中易吸收水分和二氧化碳而缓慢分解,故应密闭保存。

本品能杀灭所有病原体及细菌芽孢。杀灭病原体的作用与环境中的酸碱度有关,在酸性环境中杀灭力最强,在碱性环境中杀灭力较弱。此外,还与温度和有机物的存在有关,温度升高杀菌力也随之增强,环境中存在有机物时,会减弱其杀菌力。漂白粉可用于饮水、圈舍、用具、车辆及排泄物的消毒。5%澄清液可用于食槽、水槽及其他非金属用具的消毒，10%～20%乳剂可用于圈舍、车辆和排泄物的消毒，将干粉剂与粪便以1∶5的比例均匀混合，可进行粪便消毒。

氯气对金属有腐蚀作用，可使纺织品褪色，对皮肤和黏膜有刺激性，室外使用时应站在上风头，大量使用时应戴防护口罩或面具，穿防护服，舍内喷洒消毒，亦应进行自身防护。

(2)次氯酸钠　为黄色透明液体，有氯臭味，易溶于水，常温下可以挥发。作用与漂白粉相同，0.3%～1%溶液用于畜禽舍、环境和用具消毒，0.05%～0.2%溶液用于圈舍喷雾消毒。

(3)氯胺-T　是一种含氯化合物，含有效氯24%～25%，性质稳定，易溶于水且刺激性小。氯胺-T杀菌谱广，对细菌繁殖体、芽孢、病毒、真菌孢子都有杀灭作用，可用于养殖场、无菌室及医疗器械的消毒；且适用于饮水器具、食具、各种器具等消毒。

0.3%氯胺-T溶液可用于黏膜消毒；0.5%可杀死大肠杆菌、金黄色葡萄球菌等；10%溶液在2小时内可杀死炭疽芽孢。用于饮水消毒时，用量为每立方米水中加入2～4克氯胺-T；食具、器皿和设备消毒用0.5%～1%的溶液；排泄物和分泌物消毒用3%溶液。日常使用中，以1∶500的比例配制的消毒液，性能稳定、无毒、无刺激反应、无酸味、无腐蚀，使用保存安全。可用于室内空气、环境消毒和器械、用具、玩具的擦拭、浸泡消毒等。本品水溶液稳定性较差，故宜现配即用，时间过久，杀菌作用降低。

(4)二氯异氰尿酸钠(优氯净)　为白色结晶粉，有较浓的氯气味，含有效氯60%～64%(一般按60%计算)，性质稳定，一般室内保持半年后降低有效氯含量0.16%，易溶于水，水溶液呈酸性，稳定性差，20℃左右时，1周内有效氯约丧失20%，30℃左右可丧失50%，紫外线可加速其有效氯的丧失。

本品杀菌力较氯胺-T强，能杀死多种病原体和细菌芽孢，受有机物的影响较漂白粉小。可用于饮水、器具、环境和粪便的消毒。

用本品的0.5%～1%浓度水溶液进行喷洒、浸泡、擦拭等方法可杀灭病原体，5%～10%浓度的水溶液能杀灭细菌芽孢。

用本品的干粉消毒。粪便消毒：用量为粪便的1/5。场地消毒：10～20毫克/平方米，作用2～4小时。冬季0℃以下时，50毫克/平方米，作用16～24小时以上。用本品消毒饮水，4毫克/升，作用30分钟。

本品与多聚甲醛干粉混合点燃，产生的气体可用于熏蒸消毒。

6. 碘制剂　常用的碘消毒剂有碘酊、碘伏。在酸性条件下杀菌力强，而在碱性条件下或有机物存在时，杀菌作用减弱。以碘酊最为常用。

(1)碘酊　是最有效的皮肤消毒药，也可用作饮水消毒。用于皮肤消毒为2%或5%浓度碘酊。用于饮水消毒，可在1升水中加入2%碘酊5～6滴，能杀死致病菌及原虫，15分钟后可供饮用。碘甘油为含碘2%的甘油制剂，因无刺激性，常用于黏膜的消毒。用于黏膜炎症涂抹，也可用于痘类疫病局部涂抹。

(2)碘伏　是碘与表面活性剂的不定型结合物，随表面活性剂种类的不同，其性状各有异同，一般为气味小、无毒、对黏膜无刺激性、无染色性，无腐蚀性，贮存稳定，稀释后能慢慢释放出碘。

碘伏能杀灭多种病原体、芽孢。在酸性(pH值2～4)环境中杀菌效果最好，有机物存在时可降低其杀菌力。可用本品消毒饮水、食槽、水槽和环境。12～25毫克/升用做清洁和饮水消毒、50毫克/升水溶液做环境消毒、75毫克/升水溶液做食槽和水槽消毒，作用时间为5～10分钟。

7. 季铵盐类　季铵盐类消毒剂是阳离子表面活性剂，如新洁尔灭、百毒杀和洗必泰等。

(1)新洁尔灭　为无色或淡黄色的胶状液体，芳香，味极苦，易溶于水，水溶液为碱性，振摇时产生大量泡沫，性质稳定，可长期保存。

本品对化脓性病原菌、肠道菌及部分病毒有较好的杀灭能力，对结核杆菌及真菌的杀灭效果不好，对细菌芽孢一般只能起抑制作用，一般认为对革兰氏阳性菌的杀灭能力要比对革兰氏阴性菌强。

本品0.05%～0.1%水溶液用于手消毒，0.1%水溶液还可用于皮肤、黏膜及器械浸泡消毒，此时如水质硬度过高，应加大0.5～1倍浓度。本品对皮肤、黏膜有一定的刺激作用及脱脂作用，不适用于饮水消毒，不能与阴离子表面活性剂(肥皂、合成洗涤剂)配合应用，否则会被中和而失效。

(2)百毒杀　本品为无色、无味、芳香的胶状液体，易溶于水，振摇时产生大量泡沫，性质稳定，保存时间较长。

本品具有速效和长效等双重效果，能杀灭多种病原体和芽孢。根据消毒的对象和目的不同，使用的浓度也不同，预防水塔、水管、饮水器污染、堵塞及杀霉、除藻、除臭和改善水质，使用浓度为0.0025%～0.005%；预防传染病发生，舍内、环境喷洒或设备器具洗涤，浸泡消毒，使用浓度为0.015%；疫病发生季节或附近养殖场发生疫病时，畜禽舍喷洒、冲洗消毒，使用浓度为0.025%；病毒性或细菌性疫病发生时，瞬间控制消毒，使用浓度为0.05%；饮水消毒使用浓度为0.005%。

8. 氧化剂　本类消毒剂有高锰酸钾、过氧乙酸和臭氧等。稳定性差，注意保存。

(1)高锰酸钾(灰锰氧)　为暗紫色斜方形的结晶或结晶性粉末，无臭、易溶于水，溶液呈粉红色乃至暗紫红色。本品为强氧化剂，遇有机物即起氧化作用，氧化后分解出氧具有杀菌作用。0.1%高锰酸钾水溶液能杀灭多数病原体。用于皮肤、黏膜创面冲洗和水槽消毒。2%～5%溶液能在24小时内杀死芽孢，多用于器具消毒。

(2)过氧乙酸　本品为无色透明液体，易溶于水，呈弱酸性，不稳定，易挥发，有刺激性气味，有醋酸味，高浓度遇热易爆炸。20%以下浓度无此危险，故市售品为20%溶液，有效期为半年，稀释后只能保持药效3～7天，故应现用现配。

本品的杀菌作用在于本身强大的氧化性能，亦可分解出乙酸和过氧化氢等产物而起协同的杀菌作用。本品的杀菌作用快而强，对多种病原体和芽孢均有效，可用于耐酸塑料、玻璃、搪瓷和橡胶制品及用具的浸泡消毒，也可用于畜禽舍、仓库、地面、墙壁、食槽的喷雾消毒及室内空气消毒。动物舍熏蒸消毒时可把20%过氧乙酸溶液5～15毫升/立方米，稀释成3%～5%溶液，加热熏蒸，室内空气相对湿度为60%～80%，密闭门窗1～2小时。另外，0.5%的溶液可用于毛皮动物圈舍、食槽、车辆等物品的喷洒消毒；0.04%～0.5%溶液用于污染物品的浸泡消毒；5%溶液可用于被污染实验室、无菌室、毛皮动物圈舍、仓库、屠宰车间等空间的喷雾消毒，用量约为2.5毫升/立方米。

本品对组织有刺激性和腐蚀性，对金属也有腐蚀作用，消毒时必须注意保护，避免刺激眼、鼻黏膜。

9. 挥发性烷化剂　在室温下，由于化学性质很活泼而起杀菌作用。本类药物的杀菌作用强，对多种病原体和芽孢均有杀灭能力。常用的药物有甲醛，甲醛为无色气体，易溶于水，其水溶液为无色或几乎无色的澄明液体，福尔马林即为甲醛的水溶液，一般含甲醛40%，有刺激性甲醛臭味，长期贮存或贮于阴冷处，可产生多聚甲醛而变浑浊。

本品为广谱杀菌剂，0.25%～0.5%的甲醛溶液6～12小时能杀死病原体及芽孢。主要用于动物舍、仓库的消毒。也可用于标本和尸体的消毒防腐。2%福尔马林(0.8%甲醛)溶液用于器械消毒，10%福尔马林(4%甲醛)溶液用于固定标本，1%～2%福尔马林溶液用于圈舍和水泥地面的消毒，10%福尔马林用于环境和土质地面消毒。

(二)消毒药品的选择、配制

1. 消毒药品的选择 大多数消毒药从市场购回后，都不能直接作消毒用，必须进行稀释配制或经其他形式处理后，才能正常使用。消毒药品的选择原则应考虑以下几个方面：①对病原体杀灭力强且广谱。②对人、兽及动物性产品无毒、无残留、不易散发异味。③不损坏被消毒物品。④易溶于水，在消毒环境中比较稳定。⑤价格低廉，使用简便。在选择时还应认真阅读标签说明是否清楚，观察性状与说明是否一致，避免盲目选择，错误使用，造成不必要的浪费。

2. 消毒药品的配制原则 ①配制前应准备好配制时常用的量筒、台秤、搅拌棒、盛药容器（最好是塑料或搪瓷等抗腐蚀制品）、温度计、橡皮手套等。②配制消毒药时，应合理选择溶剂。大多数消毒药能溶于水，可用水作稀释液来配制，应选择杂质较少的深井水或自来水，但需注意水的硬度，如果水中存在 Mg^{2+}、Ca^{2+} 等二价阳离子，药液就会引起分解，降低消毒效果，如配制过氧乙酸消毒液，最好用蒸馏水。③配制时准确称量、配制浓度应符合消毒要求，不得随意加大或减少。使药品完全溶解，混合均匀。固体药品应完全溶解，必要时可适当加温或用热水配制。④个别需贮存待用的，要按规定用适宜的容器盛装，注明药品名称、浓度和配制日期等，并做好记录。

3. 常用消毒药品的配制方法

(1)5%*来苏儿溶液* 即煤酚皂溶液，是常用的消毒药。取来苏儿 5 份加入清水 95 份（最好用 50℃～60℃温水配制），混合均匀即成。

(2)10%～20%*石灰乳* 生石灰 5 千克，加水 5 升，化成糊后再加入40～45升水即成，常用于圈舍及场地的消毒。要求现配现用，搅拌均匀。

(3)石灰粉(氧化钙)　生石灰块5千克，加水2.5～3升，使其化为粉状。常用于舍内地面及运动场的消毒。

(4)20%漂白粉乳剂　按1 000毫升水加漂白粉200克(含有效氯25%)的比例配制成的混悬液。

(5)20%漂白粉澄清液　20%漂白粉乳剂静置后上液即为澄清液，使用时稀释成所需要浓度。

(6)2%火碱(氢氧化钠)　取火碱1千克，加水49升，充分溶解后即成2%的火碱水。如加入少许食盐，可增强杀菌力。

(7)10%臭药水(克辽林)　取臭药水5升，加水45升，搅拌均匀后即成10%乳状液。臭药水1.5升，加水48.5升，拌均匀即为3%的乳状液。

(8)70%～75%酒精(乙醇)　取95%浓度酒精1 000毫升，加水295～391毫升，即成75%～70%浓度的酒精，用于皮肤、针头、体温计等消毒。

(9)碘　酊

①2%的碘酊：碘2克、碘化钾1.5克，加水适量，用50%乙醇来配制，用于一般皮肤消毒。

②5%的碘酊：取碘化钾3.5克，加蒸馏水2毫升，使其溶解后，加碘5克及适量95%的乙醇，搅拌使其溶解，最后加蒸馏水至100毫升。用于一般皮肤消毒和手术局部皮肤消毒。

③10%的碘酊：取碘化钾7.5克，加水8毫升溶解后，加碘10克与适量的70%乙醇，搅拌使其溶解，再加70%乙醇至100毫升。

(10)0.1%的升汞水($HgCl_2$)　0.1%升汞配制方法是称取升汞0.1克，用少许酒精溶解，再加水至100毫升即成。用于无菌箱、培养箱、培养皿四周表面及手指的消毒。

(11)2%硫酸铜溶液　用硫酸铜(胆矾)2克，加水至100毫升加热溶解配成。用于床架、木架等各种菌种架的消毒。还可用5%硫酸铜溶液。

(12)0.1%新洁尔灭溶液　取5%新洁尔灭原液20毫升,加水至1 000毫升配制而成。

(13)0.1%高锰酸钾($KMnO_4$)溶液　在100升水中加入高锰酸钾0.1千克,即配成0.1%高锰酸钾溶液。

(14)10%福尔马林溶液　福尔马林为40%甲醛溶液(市售商品)。按10毫升福尔马林加90毫升水比例配成(即4%甲醛溶液),如需其他浓度溶液,同样按比例加入福尔马林及水。

消毒液配制应注意的问题:①生石灰遇水产生高温,应在搪瓷桶、盆或铁锅中配制为宜。②对有腐蚀性的消毒药品,如氢氧化钠在配制时,应戴橡皮手套操作,严禁用手直接接触,以免烧伤。③对配制好的有腐蚀性的消毒液,应选择塑料或搪瓷桶、盆中贮存备用,严禁贮存于金属容器中,避免损坏容器。④大多数消毒液不易久存,应现用现配。

五、养殖场内不同消毒对象的消毒操作程序

(一)场舍的消毒

1. 空置场舍的消毒　任何规模和类型的养殖场,对空场舍在下次启用之前,必须进行全面彻底的消毒,而且还要空出一定时间(15～30天或更长时间)。在此期间经多种方法消毒后,方可正常使用。常用消毒法如下。

(1)机械清除法　首先对空舍顶棚、墙壁、地面彻底打扫,对垃圾、粪便、垫草和其他各种污物全部清除,运到指定堆放点,生物热消毒处理。用清水洗刷食槽、水槽、围栏、笼具、网床等设施;最后冲洗地面、走道、粪槽等,待干后用化学法消毒。

(2)化学法喷洒　常用2%碳酸氢钠溶液或0.1%～0.2%次氯酸钠溶液、3%～5%来苏儿溶液、0.2%～0.5%过氧乙酸溶液、20%石灰乳、5%～20%漂白粉等溶液喷洒消毒。地面用药量800～1 000 毫升/平方米,舍内其他设施 200～400 毫升/平方米。为了提高消毒效果,空舍消毒应使用 2 种或 3 种不同类型的消毒药进行 2～3 次消毒。这是因为不同的病原体对不同的消毒剂敏感性不同,1 次消毒不能杀死所有病原体。每次消毒要等到地面和物品干燥后进行下次消毒。必要时,对耐火烧的物品还可以使用酒精或煤油喷灯进行火焰消毒。

(3)熏蒸消毒　常用福尔马林 28 毫升/立方米熏蒸消毒,最好密闭 1～2 周,或每立方米按 25 毫升福尔马林、12.5 毫升水、25 克高锰酸钾的比例进行熏蒸。将福尔马林倒入瓷盆中,再加入水,最后倒入高锰酸钾,然后关闭门窗 12～24 小时,由于高锰酸钾和福尔马林相遇产生高热,使甲醛蒸发,从而达到消毒的目的。消毒完毕后,打开门窗或容器,通风换气 3～5 天,后一种熏蒸法,具有释放蒸汽快,密封时间短的优点,但费用高、墙壁及顶棚易被熏黄(用等量生石灰代替高锰酸钾可消除此缺点)。任何一种熏蒸消毒完成后,都要通风换气。待对动物无刺激后,方可启用。

(4)场舍门口消毒池　在池内放入新鲜消毒液或渗透消毒液的草袋。消毒池内药品常用2%～4%氢氧化钠溶液或1%农福溶液,冬天可加8%～10%的食盐防止结冰。场区常用3%～5%来苏儿溶液或20%石灰水喷洒消毒。

2. 带动物圈舍消毒　常采用综合性预防消毒措施,其方法如下。

(1)机械清除法　舍内每天都要打扫卫生,清除排泄物(粪尿),包括食槽、水槽和用具都要保持清洁,做到勤洗、勤换、勤消毒。尤其仔兽的水槽、食槽每天都要清洗消毒1次。

(2)保证良好的通风换气　饲养密度较大的场舍应根据季节

和温度变化，适时调整通风，保持舍内空气新鲜。

(3)圈舍消毒　每周至少用0.1%～0.2%过氧乙酸溶液或0.1%次氯酸钠溶液喷雾消毒设施、墙壁和地面1次。

(4)定期添加消毒液　场舍门口消毒池定时添加消毒液，每周至少更换1次消毒液或渗透消毒液的草袋。

3. 地面、土壤的消毒　病兽停留过的圈舍、运动场地面等被一般病原体污染的，将清除的粪便、垃圾和铲除的表土按粪便消毒处理，土地面消毒液喷洒。若含炭疽等芽孢杆菌的粪便、垃圾、铲除的表土按1∶1的比例与漂白粉混合后深埋，地面以5千克/平方米漂白粉撒布。若为水泥地面被一般病原体污染，用一般常用消毒药品喷洒；若为芽孢污染，则用10%苛性钠溶液喷洒。大面积污染土壤、运动场地面，可用犁、锹、镐等将地翻一下，在翻地同时撒布漂白粉，一般病原体污染时用量为0.5千克/平方米，炭疽芽孢杆菌等的用量为5千克/平方米，漂白粉混土后，加水湿润压平。牧场被污染后，一般利用阳光或种植某些对病原体有杀灭力的植物(如大蒜、大葱、小麦、黑麦等)，连种数年，土壤可发生自洁作用。

(二)动物体表消毒

正常动物体表可携带多种病原体，尤其动物在脱毛、换毛期间，动物毛可成为一些疫病的传播媒介。在平时的饲养管理过程中，做好动物体表的消毒，对预防一般疫病的发生有一定作用，在疫病流行期间采取此项措施意义更大。对动物体表消毒也称带动物消毒，如带猪消毒、带鸡消毒等。针对动物体表消毒常用化学消毒法，选用对皮肤、黏膜无刺激性或刺激性较小的药品用喷雾法消毒，能及时杀灭动物体表病原体。

带兽消毒常用药物主要有0.015%～0.025%百毒杀、0.1%新洁尔灭、0.2%～0.3%次氯酸钠和0.1%～0.3%过氧乙酸等溶液。

有条件的养殖场使用高压动力喷雾器，近些年我国一些大、中型现代化鸡场及猪场安装了固定管道式带猪、带鸡消毒装置。由于投资大、目前尚未普及。中、小型养殖场及农户一般可使用背负式或喷枪式高压喷雾器。喷雾时保持一定舍温和湿度，而且还要掌握好雾粒的大小，不论是哪种喷雾装置，都要求其产生的雾粒直径在80～120微米范围内，最小不低于50微米。当雾粒过小，易被动物吸入肺而引发肺水肿，甚至诱发呼吸道疾病。

在使用喷枪喷雾装置消毒时一般都是选工业用20%过氧乙酸。使用时提前24小时配制，将冰醋酸和过氧化氢按1∶1的比例混合放置24小时后即得20%过氧乙酸。喷雾时取过氧乙酸加自来水配制成所需浓度。操作时，通常2个人1组，1人喷雾开空气压缩机、1人供应药液，将气压调至3.04×10^5～5.06×10^5帕，稳定压强使喷出的气雾均匀撒布。

消毒时喷枪直接对准动物喷雾，边喷边匀速走动，使各处的喷雾尽量均匀，使用氧气瓶要注意安全，最好戴防护手套和口罩。

手动喷雾器消毒最为方便，对一般中、小型养殖场和专业户比较经济、实用。操作时选择上述药物按5～8毫升/平方米用药，每周1～2次，可全年使用。当疫病流行时，每天至少消毒1次。喷雾消毒一般不适于1月龄以下的毛皮动物。常用于青年、成年兽，随年龄增长，用药浓度在允许范围内适当增加。

（三）运载工具消毒

运载工具主要包括进入养殖场内的各种车辆。这些运载工具流动量大，活动范围广，进出频繁，受污染和传播病原体的机会最多，因此，人们对此类工具的检疫和消毒相当重视。

运载车辆（包括人力车、畜力车、农用机动车、汽车等）的消毒，车辆在装运动物及其产品之后，都要先将污物清除、打扫干净，进行冲洗或洗刷。清除的污物（包括粪、尿、垃圾、垫草、污水、污染草料等)在指定地点进行生物热消毒,对疫病污染的采取焚烧法处理。车辆还可用2%～5%的漂白粉澄清液、2%～4%氢氧化钠溶液等喷洒消毒。也可用4%碳酸钠溶液或20%石灰乳喷洒消毒车辆,消毒后再用清水洗刷1次,然后用清洁的抹布擦干净。对有密封舱的车辆包括集装箱,还可用福尔马林熏蒸消毒,其操作、用药量和要求同动物圈舍消毒,对疫病污染的运输车辆应进行2～3次消毒。

(四)粪便的消毒

动物的粪便中有多种病原体,染疫动物的粪便中病原体的含量急剧增加,是土壤、水源、草料、居住环境的主要污染源。及时妥善做好粪便的消毒,对切断疫病的传播途径有重要的意义,常用的消毒方法有以下几种。

1. 生物热消毒法

(1)堆粪法　与人、畜居住的地方保持一定的距离,避开水源,选一堆粪场。堆粪时在地面挖一浅长形沟或一浅圆形坑,沟的长短、坑的大小视被消毒粪便量的多少自行设定,但沟的深度一般都是在20～25厘米。先将健康动物粪便或麦秸、谷草或稻草等堆至25厘米做底层,上面堆欲消毒的粪便,高达1～1.5米,在粪便表面覆盖10～20厘米厚的健康动物粪便,最外层抹上10厘米厚的草泥封表面。冬季不短于3个月,夏季不短于3周,即可作肥料用。用此方法消毒应注意粪便的干湿度,当粪便过稀应混合一些其他干粪土,若过干时应洒适量的水。含水量应在50%～70%,堆积后最易发酵产热、灭菌效果好。

(2)发酵池法　选择发酵池的地点要求与堆粪法相同。发酵池的大小,形状依据粪便的多少自行设定。一般土质地下水位低时,池底和边缘可以不砌砖和水泥涂抹,否则就要砌砖和抹水泥。粪池建好后,底层放一些干粪,再将欲消毒的粪便、垃圾、垫草倒入池内，快满的时候，在粪的表面再盖上一层泥土封好。经1～3个月，即可出粪清池。此法适合于动物数量较多、规模较大的养殖场。

2. 掩埋法 漂白粉或生石灰1∶5与粪便结合，然后深埋地下2米左右。本法适合于烈性传染病病原体污染的少量粪便的处理。

3. 焚烧法 少量的带芽孢粪便可直接与垃圾、垫草和柴草混合焚烧。必要时地上挖一壕，宽75～100厘米，深75厘米，长以粪便多少而定，在距壕底40～50厘米处加一层铁梁（相当于炉箅子，以不漏粪土为宜），铁梁下放燃料，梁上放欲消毒粪便。如粪便太湿，可混一些干草，以便烧毁。此法仅适用于带芽孢粪便的销毁。

（五）人员、衣物等消毒

饲养管理人员常接触动物，尤其接触染疫动物或污染物，人员便成为活的传播媒介。因此，对于人员及衣物应严加管理、及时妥善消毒。人员进、出场应洗澡更衣。工作服、靴、帽等，使用前先洗干净，然后放入消毒室，以28～42毫升/立方米福尔马林熏蒸30分钟备用。人员进出场舍都要用0.1％新洁尔灭或0.1％过氧乙酸消毒液洗手、浸泡3～5分钟。

（六）饮用水的消毒

饮用水用含0.5～1毫克/升有效氯的漂白粉或氯制剂消毒，如漂白粉所含有效氯为25％，则需漂白粉2～4克；或者使用过氧乙酸1克/升水，放置30分钟后使用。还可在1升水中加入2％碘酊5～6滴，15分钟后可供饮用。

（七）毛皮产品的消毒

动物毛皮的消毒可用福尔马林溶液熏蒸消毒法，此法适用于可疑污染一般病原微生物的干皮张。方法是将干皮捆成包，有序地堆放入消毒室内，码成垛形，但高度不超过2米，各行之间保持适当距离，以利于气体穿透和人员的操作。消毒室容积不超过10立方米，消毒室内温度应在50℃左右，空气相对湿度调节在70%～90%，按加热蒸发福尔马林溶液80～300毫升/立方米的量通入气体，消毒24小时。可疑污染任何病原微生物的新鲜皮、盐湿皮的消毒，可用过氧乙酸浸泡法。方法是将待消毒的皮张，浸入新鲜配制的2%过氧乙酸溶液，浸泡30分钟，捞出，用清水冲洗晾干。可疑污染任何病原微生物的珍贵毛皮消毒，可用钴-60辐射消毒，剂量为2.5戈。

六、影响消毒效果的因素

(一)微生物的敏感性

不同的病原微生物，对消毒剂的敏感性有很大的差异，如病毒对碱和甲醛很敏感，而对酚类的抵抗力却很低。大多数的消毒剂对细菌有杀灭作用，但对细菌的芽孢和病毒作用很小。因此，在消毒时，应考虑致病微生物的种类，选用对病原体敏感的消毒剂。

(二)消毒剂的作用时间

一般情况下，消毒剂的效力同消毒作用时间成正比，与病原微生物接触并作用的时间越长，其消毒效果就越好。作用时间如果太短，往往达不到消毒目的。如紫外线照射的强度和时间达不到规定要求，效果就差。

(三)消毒剂的浓度

一般来说，消毒剂的浓度越高，杀菌力也就越强。但随着消毒剂浓度的增高，不仅造成消毒药的浪费和对动物、操作人员的伤害，而且可导致病原微生物表面形成一种膜蛋白，起着保护作用，影响消毒药液的作用效果，如醇类、醛类等。有的消毒剂杀菌效力随浓度的增高反而下降，如70％～75％的酒精杀菌效果要比95％的酒精好。对于某些高含量的氯制剂，如浓度配比过高，因氯的挥发对动物产生强烈的刺激作用，诱发动物呼吸道疾病。消毒药液浓度过低，则起不到消毒作用。

(四)环境的温度、湿度

消毒剂的杀菌效力与温度成正比，温度增高，杀菌效力增强。研究表明，消毒药液的温度越高，对病原微生物的作用越强，一般药液温度，每提升10℃，杀菌力可提高1倍。在选择药液的温度时，必须考虑动物所能承受的温度，以免引起烫伤。但大部分消毒液在0℃时失去消毒效果，因而夏季消毒作用比冬季要强。湿度对消毒效果影响也较大，如在福尔马林熏蒸消毒时，空气相对湿度在60％～80％时消毒效果最好。

(五)酸 碱 度

如新洁尔灭、度米芬(消毒宁)、洗必泰等阳离子消毒剂，在碱性环境中消毒力强。石炭酸、来苏儿等阴离子消毒剂在酸性环境中消毒作用强。

(六)有机物的存在

当环境中存在大量的有机物如粪、尿、污血、炎性渗出物等，能阻碍消毒药与病原微生物直接接触，从而影响消毒剂效力的发挥。另一方面，由于这些有机物能中和并吸附部分药物，也使消毒作用减弱。因此，在进行消毒之前，应首先对笼舍进行彻底清扫和冲洗，清除笼舍内的粪尿污物等，从而充分发挥消毒剂的有效作用。

七、消毒的设施与设备

(一)毛皮动物养殖场的消毒设施

1. 养殖场大门口应建的设施 应建值班室、消毒室、消毒池。

值班室:室内悬挂门卫值班制度和人员出入场管理制度;有人员出入场登记表。

消毒室:应为串联2间,一间内设紫外线灯,另一间为自动喷雾消毒间。喷雾设施有自动和人工两种,只要人一进入通道,消毒液开始喷淋,人过去后喷雾停止。

消毒池:池的宽与大门口等宽,长等于进场大型机动车轮一周半长,深15厘米左右。设在场门口、圈舍入口处的消毒池,要注意定期更换消毒液。消毒剂要交叉使用,不能长期使用同一种消毒剂。冬季可加入防冻剂。

2. 生产区门口应建的消毒设施 消毒间、洗澡间、更衣室。消毒间安装紫外线灯管消毒,更衣室内购置消毒柜,对生产人员工作服进行消毒。饲养人员进入生产区的程序是:

先在消毒间经紫外线消毒后→洗澡→更衣室→换衣服→进入动物舍

3. 生产区内动物舍门口消毒设施 可建长1米的消毒池,或设置消毒盆以供进入人员洗手消毒。

4. 粪便无害化处理设施 有条件的场最好建沼气池;无条件建沼气池的,可建贮粪池。采取干粪堆积发酵的办法对粪便进行无害化处理。贮粪池的大小应根据场内动物的多少而定,建在生产区下风向,长方形,池子上面建成塑料拱棚。这样一可密封发酵,二可防雨水淋入。

5. 污水处理设施 要建至少3个以上与场内污水排量相当

的方形水泥污水沉淀池，池与池之间相通，污水通过这些池子逐级沉淀后，方可外排或浇地。

6. 病死动物无害化处理设施 以建填埋井为主，在场生产区外下风向（距生产区 50 米以上），挖深 2 米以上、直径 1 米的深井 1 个或多个，加盖密封。每次病死兽投入后，要倒入火碱消毒液，盖上 1 层 10 厘米的熟石灰进行消毒，将井口盖好密封。待填至距井口 1 米左右开始封井，要用黏土填埋压实并封口。

此外，养殖场要设有专门的隔离圈舍。对引进的动物，一是必须来自无疫区；二是要检疫；三是要隔离观察饲养 1 个月后，经兽医卫生人员检查无疫病方可入群。

（二）常用的消毒设备

毛皮动物场内，常用的消毒设备主要有：紫外线灯、电热干燥箱、煮沸消毒器、高压蒸汽灭菌器、火焰喷灯、手动喷雾器、高压喷枪等。下面介绍电热干燥箱（如图 2-1）、高压蒸汽灭菌器、紫外线灯的使用方法。

图 2-1 电热干燥箱

1. 电热干燥箱（干热灭菌箱）

（1）消毒原理 利用加热的高温空气使微生物细胞内的蛋白质凝固变性的原理。由于干热空气穿透力差，加之微生物蛋白质在干燥无水条件下，不易凝固变性，因此需要较高的温度和较长的时间才能达到灭菌的效果。此法主要用于玻璃器皿和金属制品的干热灭菌。常用灭菌温度 160℃，保持 1～2 小时。

（2）使用方法

①装料：将要灭菌的玻璃器皿和金属制品洗净、晾干，外用纸

（报纸、牛皮纸，油纸除外）包装好，或放入专用的铁（铝）盒内，放入干燥箱内，关好箱门。

②温度：接通电源，关门加热应开启箱顶上的活塞通气孔，使冷空气排出，待升至 60℃时，将活塞关闭；升温至 160℃，开始恒温，保持 1～2 小时后，切断电源，自然降温。

③取料：灭菌后箱内温度降至 60℃时，才能开启箱门取物品，避免玻璃器皿炸裂。

（3）注意事项　①灭菌的器皿上不能有水，否则在干燥灭菌中容易炸裂。②灭菌时箱内放置物品要留空隙，保持热空气流动，以利于彻底灭菌。③干热灭菌温度超过 170℃，包装灭菌用品的纸张会被热空气烤焦，甚至有着火燃烧的危险。④灭菌的物品不要直接放在干燥箱底板上，以防包装灭菌用品的纸张被烤焦。⑤灭菌过程中如遇温度突然升高，箱内冒烟，应立即切断电源，关闭排气小孔，箱门四周用湿毛巾堵塞，杜绝氧气进入，火则自熄。

2. 高压蒸汽灭菌器

图 2-2　手提式高压蒸汽灭菌器

（1）消毒原理　高压蒸汽灭菌器是 1 个密闭的容器，加热时锅内压力不断增大，当蒸汽压力达 103.4～137.3 千帕时，温度可达 121℃～126℃，保持 30 分钟，能杀死包括具有顽强抵抗力的细菌芽孢在内的一切细菌，达到灭菌目的。灭菌器的式样很多，有手提式（如图 2-2）、立式和卧式等多种。但其基本结构和作用原理相同。高压蒸汽灭菌法多用于一般能耐受高温的物品，如金属器械、玻璃、搪瓷、敷料、橡胶类、药物等灭菌。各类物品灭菌所需的时间、温度和压力见表 2-2。

表 2-2　各类物品灭菌所需的时间、温度和压力

物品种类	灭菌所需时间(分)	蒸汽压力(千帕)	表压(lbf/in^2)	饱和蒸汽相对温度(℃)
橡胶类	15	104.0～107.9	15～16	121
敷料类	15～45	104.0～137.3	15～20	121～126
器械类	10	104.0～137.0	15～20	121～126
器皿类	15	104.0～137.0	15～20	121～126
瓶装溶液类	20～40	104.0～137.0	15～20	121～126

(2)使用方法　①首先查看高压锅内的水是否充足，放入待消毒物品。②将盖上的软管插入灭菌桶的槽内，上下对齐，以对角线方式旋紧螺栓盖好盖。③接通电源加热，并将放气阀打开，以排除锅内的冷空气。④待锅内水沸腾后，落下放气阀继续升温、升压，压力上升至 103.4 千帕时开始计时，根据消毒的物品，调节火力大小和保持的压力、时间。⑤停止加热，待压力自然下降至“0”时，再打开放气阀排气，开盖，取出高压灭菌的物品使用或烘干。

(3)注意事项　①需要灭菌的各种包裹不应过大、过紧。②放入灭菌器内的包裹，不要排得太密，以免妨碍蒸汽透入，影响灭菌效果。③易燃和易爆炸物品如碘仿、苯类等，禁用高压蒸汽灭菌法；锐利器械如刀、剪不宜用此法灭菌，以免变钝。④瓶装液体灭菌时，要用玻璃纸和纱布包扎瓶口，如用橡皮塞的，应插入针头排气。⑤要有专人负责，灭菌的时间和压力必须准确可靠；每次灭菌前，应检查安全阀的性能是否良好，以防锅内压力过高，发生爆炸。

3. 紫外线灯

(1)消毒原理　紫外线灯是人工制造的低压水银灯，能辐射出波长为 136～400 纳米的紫外线，以波长 265～266 纳米的杀菌为最强。微生物细胞中的核酸碱基对紫外线吸收能力特强，辐射后引起核酸的突变，从而抑制 DNA 的复制而致死；与此同时，空气

中的一部分氧在紫外线照射下产生臭氧，也具有很强的杀菌作用；另外，紫外线照射微生物细胞后，在有氧的情况下，产生光化学氧化反应，生成过氧化氢（H_2O_2），能发生强烈氧化作用，引起细胞死亡而达到杀菌目的。

(2)紫外线消毒的优点　①紫外线消毒无须化学药品，不会产生消毒副产物。②杀菌作用快，效果好。③无臭味，无噪声。④容易操作，管理简单，运行和维修费用低。

(3)注意事项　①紫外线对不同微生物有不同的致死剂量，消毒时应根据微生物的种类而选择适宜的照射时间。② 紫外线对眼黏膜及视神经有损伤作用，不得使紫外线光源照射到人，以免引起损伤。③用紫外线灯消毒室内空气时，房间内应保持清洁干燥，减少尘埃和水雾，温度低于 20℃ 或高于 40℃，空气相对湿度大于 60%时应适当延长照射时间。④因紫外线穿透物质的能力很差，在使用过程中，应保持紫外线灯表面的清洁，一般每 2 周用酒精棉球擦拭 1 次，发现灯管表面有灰尘、油污时，应随时擦拭。⑤使用单位应定期做照射强度检测，发现强度不够的灯管应立即更换。

八、毛皮动物饲养场的消毒制度

养殖场内生产各个环节的消毒工作，必须制订严格的制度，如定期消毒制度，各种消毒对象常规消毒制度、疫情期紧急消毒制度等，以保证和维持消毒效果。制订定期消毒制度时，可参考以下几点：①场门口及生产区消毒池内消毒液要及时更换，并保持一定深度和浓度。车辆进入须经消毒池，并对车身进行喷雾消毒。②工作人员进入生产区应更衣并消毒，非生产人员不得进入生产区，维修人员、上级业务检查及参观人员进入场区时，必须严格消毒程序：更衣，换鞋，喷雾和紫外灯照射消毒后，方可进入。③毛皮动物笼舍要每日清扫 1 次，及时清除食盆中的杂质，保持干燥，清洁卫生。④毛皮动物笼舍及饲用工具应每周消毒1次，每月彻底消毒1次。⑤饲喂前应仔细巡视，发现病兽及时隔离治疗，病死兽的尸体不得乱扔，应挖坑深埋或焚烧。⑥笼舍内毛皮动物调出后，所有用具要彻底清扫干净，用高压水枪冲洗，然后喷雾消毒或熏蒸消毒，重复2次，空置5～7天，方可转入下批新兽。⑦做好防鼠、灭蚊、灭蝇工作，定期毒杀老鼠、消除鼠害。⑧坚决防止狗、猫及其他动物进入养殖场内。

附：杀虫、灭鼠、防鸟

（一）杀 虫

蚊、蝇、蜱、虻等节肢动物是传染病原的携带者或传播媒介，杀灭这些媒介昆虫对预防和扑灭疫病具有重要意义。

1. 物理杀虫法 需根据具体情况选择适当的杀虫方法。如昆虫聚居的墙壁、用具或垃圾等，可用火焰焚烧；车、圈舍和衣物上的昆虫，可用沸水或蒸汽烧烫，机械拍打、捕捉等方法，亦能杀灭部分昆虫。低温的杀虫作用一般不大，只能暂停昆虫的生命活动。

2. 生物杀虫法 是以昆虫的天敌或病菌及雄虫绝育技术杀灭昆虫的方法。如养柳样鱼或草鱼等灭蚊，1天能食孑孓100～200条。利用雄虫绝育控制昆虫繁殖，是近年来研究的新技术，其原理是利用辐射使雄性昆虫绝育后大量释放，使一定地区内的昆虫繁殖减少。或使用过量激素，抑制昆虫的变态或蜕皮，影响昆虫的生殖。也有利用病原微生物感染昆虫，使其死亡。这些方法由于不造成公害、不产生抗药性，日益受到各国重视。

3. 药物杀虫 主要是应用化学杀虫剂来杀虫。按其作用不同杀虫剂可分为若干种类。如经昆虫摄食，使虫体中毒死亡的，称胃毒剂；药物直接和虫体接触，由体表进入体内使之中毒死亡，称为接触毒剂;通过药物将其气门闭塞使之窒息而死亡的,称为熏蒸毒剂;有些药物喷于土壤或植物上,能为植物根、茎、叶吸收,并分布于整个植物体,昆虫在摄取含有药物的植物组织或汁液后,发生中毒死亡,这类杀虫药为内吸毒剂。常用化学杀虫剂主要有以下几种。

(1)敌百虫　对多种昆虫有很高的毒性,具有胃毒(为主)、接触毒和熏蒸毒的作用。常用剂型有水溶液(为主)、毒饵和烟剂。水溶液常用浓度为0.1%;毒饵可用1%溶液浸泡米饭、面饼等,灭蝇效果好;烟剂每立方米用0.1~0.3克。

(2)敌敌畏　杀虫效力比敌百虫约高10倍。在水中尤其在碱性液体中迅速分解,易挥发,杀虫持效时间短。具有接触、熏蒸及胃毒作用。常用剂型有毒饵和熏蒸。大量接触、吸入多量气体或误食可使人、畜中毒。

(3)倍硫磷　是一种低毒高效有机磷杀虫剂,具有触杀、胃毒及内吸等作用。主要用于杀灭成蚊、蝇和孑孓等。乳剂喷洒量为0.5~1克/平方米。

(4)马拉硫磷　具有触杀、胃毒和熏蒸作用。商品为50%乳剂能杀灭成蚊、孑孓及蝇蛆等。室内喷洒量为2克/平方米,持效期1~3个月。0.1%和1%溶液可杀灭蝇蛆和臭虫。

(5)拟除虫菊酯类杀虫剂　具有广谱、高效、击倒快、残留短、毒性低、用量小等特点,对抗药性昆虫有效,为近代杀虫剂的发展方向。如溴氰菊酯对蚊、蝇、蟑螂、虱、螨等均有强大的击倒和杀灭作用。室内使用0.3%浓度溴氰菊酯油剂喷雾,0.1~0.2毫升/立方米,15~20分钟,其中蚊、蝇全部击倒,12小时全部死亡。0.5克/平方米剂量可用于触杀蟑螂。

(6)昆虫生长调节剂　可阻碍或干扰昆虫正常发育生长而致其死亡,不污染环境,对人、畜无害,是最有希望的“第三代杀虫剂”。目前有保幼激素和发育抑制剂。前者主要具有抑制幼虫化蛹和蛹羽化的作用，后者抑制表皮几丁化，阻碍表皮形成，导致虫体死亡。

（二）灭　鼠

鼠类对人和动物的健康具有极大的危害，是多种动物传染病的传播媒介和传染源，灭鼠对保护人、动物健康具有重要意义。

1. 器械捕鼠法　即利用各种工具以不同方式捕杀灭鼠。如关、夹、压扣、套、翻（草堆）、堵（洞）、灌（洞）等。此类方法可就地取材，简便易行。使用鼠笼、鼠夹之类工具捕鼠，应注意诱饵的选择，布放的方法和时间。诱饵以鼠类喜吃的为宜。捕鼠工具应放在鼠类经常活动的地方，如墙脚、鼠的走道及洞口附近。放鼠夹应离墙6～9厘米，与鼠道成“丁”字形，鼠夹后端可垫高3～6厘米，晚上放，早晨收，并应断绝鼠粮。

2. 化学药物灭鼠法　按毒物进入鼠体途径可分为消化道药物和熏蒸药物2类。消化道药物主要有磷化锌、杀鼠灵、安妥敌鼠钠盐等。如用磷化锌，每1平方米撒布的饵料中应含0.5克，老鼠食后多在24小时内死亡；敌鼠钠盐，饵料中应含0.25%～0.5%，连续放药3～5天，在5～7天出现死鼠高峰。使用这2种灭鼠药后，要妥善处理鼠尸，以免被其他动物吃掉引起中毒。熏蒸药物包括氯化苦（三氯硝基甲烷）和灭鼠烟剂。使用时以器械将药物直接喷入洞内，或吸附在棉花球中投入洞中，并以土封洞口。如用氯化苦，每洞5～10毫克。灭鼠烟剂需与研细的硝酸钾或氯化钾按6∶4比例混合，分装成包，每包15克，用时点燃投入鼠洞，以土封洞口。

（三）防　鸟

对于养殖场多用网来防鸟捉鸟，现多用细丝状黏网。仓库和圈舍门窗安网并保持关闭，定期修剪树木，树木离仓库和门窗至少保持1米以上,同时定期查鸟窝,发现后清除。

思考题

1. 常用消毒药品的选择和使用应注意哪些问题?
2. 影响消毒效果的因素有哪些?
3. 如何进行带兽圈舍的消毒?
4. 毛皮动物场内应设立哪些消毒设施?
5. 配制消毒药品时应注意哪些事项?

第三章　毛皮动物防疫员需掌握的免疫接种技术

一、疫苗免疫的基本原理

疫苗免疫的作用原理，简单地说就是通过接种疫苗刺激机体产生特异性的抗体。抗体可以与病原微生物发生反应，可以抑制或消灭外来入侵的病原微生物。通过生物技术将细菌或病毒无害化处理制成疫苗，使细菌或病毒等病原微生物不会致机体发病。疫苗接种后被动物机体免疫系统视为“外来异物”，通过自身调节产生许多免疫球蛋白（即特异性抗体），免疫球蛋白可以和病原菌发生特异性反应，消灭病原微生物。免疫系统具有“记忆”能力。一旦暴露于特定的细菌或病毒，它们就将在几年、数十年甚至终生保留免疫力。因此，能够抵御以后的感染，并且应答更为迅速。将病原微生物的毒性去掉制成疫苗，刺激产生抗体，以保证不再受病原微生物的侵害。

一般来说，疫苗一般都满足下列特征要求：一是本身对机体没有危害或危害较小，不能导致机体发病。二是有很好的免疫原性，可以刺激机体免疫系统产生特异性的免疫抗体。

二、疫苗的种类

（一）按不同佐剂来区分

包括油苗（油佐剂灭活苗包括水相苗和油相苗）、冻干苗、蜂胶苗和铝胶苗等。

1. 油佐剂灭活苗(油苗) 是以矿物油为佐剂与灭活抗原液按一定的比例混合,加适量的乳化剂乳化而成,又称油乳苗。油乳苗又分为水相苗和油相苗,水相苗是水包油制剂,油相苗是油包水制剂,水相苗吸收快,油相苗吸收慢。油苗目前应用广泛,其特点是起效慢,维持时间长。

2. 冻干疫苗 又称为活苗。进入动物体内后,疫苗中所含有的微生物不断增殖刺激动物机体产生免疫应答。冻干疫苗的优点是产生抗体速度快,生产成本较低,但是研制期限较长,而且科研投入较大。缺点是免疫期相对于油佐剂灭活苗较短,抗体水平低,且免疫效果受母源抗体影响大。

3. 氢氧化铝灭活苗 是将灭活的抗原液加氢氧化铝胶制成的。这种铝胶苗的制备较简便,免疫效果也挺好,但吸收较困难,在体内可形成结节,影响肌肉的品质,目前较少使用。

4. 蜂胶苗 蜂胶是蜜蜂采自植物幼芽分泌的树脂,并混入蜜蜂上颚腺分泌物,以及蜂蜡、花粉和其他一些有机与无机物的一种天然物质。它作为佐剂具有良好的免疫增强作用。

(二)按毒株强弱来区分

包括灭活疫苗(死苗)和弱毒苗和强毒苗(活苗)。

1. 灭活疫苗 灭活疫苗是用化学药品将病原体灭活,使其失去致病性和繁殖能力,但仍保持免疫原性而制备的生物制品,这种疫苗又称死苗。由于死苗接种后不能在动物体内繁殖,因此使用接种剂量较大,免疫期较短,需加入适当的佐剂以增强免疫效果延长免疫期。

(1)灭活疫苗的优点 ①安全性高,病原体不再增殖,对正在应激状态的或者产生免疫抑制的动物群体没有引起传染发病的危险,没有新的活病原体引入,更不会有毒力的增强或者对易感兽群传播疾病的危险。不返祖或返强;便于贮存运输;对母源抗体的干扰作用不敏感。②免疫剂量准确,免疫抗体水平一致。每只(头)动物都是被单独地处理而且给予相等的疫苗剂量,动物群体的免疫应答反应是一致的。如果是活毒疫苗,即使是最仔细的免疫操作也很难达到应答反应的一致性。③灭活疫苗产生的体液免疫应答反应会更多一些,由灭活疫苗激发的非常高的滴度可以减少或消除针对一些疾病进行的重复免疫。④灭活疫苗没有传染性成分,更容易被制成联合疫苗。当同一些活毒疫苗结合在一起时,对灭活疫苗来讲,病毒之间所发生的干扰反应已不可能再发生。⑤由于加入生物佐剂,可以在体内缓慢释放吸收,刺激机体,产生的抗体高且维持时间长。

(2)灭活疫苗的缺点　不易产生局部黏膜免疫;引起细胞免疫能力较弱;用量大成本高,免疫途径必须注射,需免疫佐剂来增强免疫应答;由于灭活疫苗不能在体内增殖和复制,因而必须在2～3周后才能刺激机体产生免疫保护力。

2. 活菌(疫)苗　由免疫原性强而毒力弱的活菌株经人工培养而成的制品称活菌苗。

(1)弱毒苗、强毒苗的优点　抗体产生快,免疫应答全面且免疫效果好,免疫力坚强,免疫期长,对种用接种可使仔代获得被动免疫,由于活苗可以在体内增殖,并且有一定的传染性,往往产生的抗体可以抵御住野毒的攻击。

(2)弱毒苗、强毒苗的缺点　存在散毒和造成新疫源的问题,同时由于免疫原性强,对机体刺激较大,应激较大,对发病群体或隐性感染群体容易引起发病,有时做强毒疫苗前用毒力弱的疫苗做基础免疫,然后再用毒力稍强的疫苗,进行加强免疫。

(三)按防病数量来区分

包括单价苗、双价苗和多价苗及联苗。

1. 单价疫苗 利用同一种微生物菌(毒)株或一种微生物中的单一血清型菌(毒)株的增殖培养物所制备的疫苗称为单价疫苗。单价苗对相应的单一血清型微生物所致的疾病有良好的免疫保护效能,对其他病原毒株或血清型无免疫保护作用。

2. 多价苗和联苗 将同种细菌或病毒的不同血清型混合制成的疫苗称为多价苗。多价疫苗在流行毒株存在不同血清型时可拓宽保护谱或增加疫苗的免疫协同作用,从而提高疫苗的保护力。联苗是由 2 种以上的不同细菌或病毒制成,以达到预防几种疾病的目的。

3. 多价苗、联苗和单价苗比较 多价苗和联苗只需免疫 1 次,便能同时预防其中的 2 种或 3 种疾病,它们与单价苗相比,具有以下优点:①多价苗、联苗具备一针多能的优点,因为毛皮动物胆小易惊,野性还比较强,每次捕捉动物都会对其造成应激。减少对动物的捕捉次数和注射次数,降低应激反应。②成本较低。③质量高、效果好,能获得持久免疫。④能降低由不洁针头、注射器引发传染病的危险性。但从免疫效果看,多价苗、联苗不如单苗可靠,联苗要想达到每个单价苗的免疫效力较困难,这不仅是由于制造时联苗中的每种单苗不易达到单价苗的浓度,而且从理论上讲,特别是病毒联苗,还存在着较突出的抗原竞争和免疫干扰现象。因此,从提高免疫效果的角度看,使用单价苗更可靠些。

三、疫苗的使用

(一)常用疫苗的保存、运输和用前检查

目前我国毛皮动物常用疫苗有犬瘟热疫苗、细小病毒性肠炎疫苗、脑炎疫苗、阴道加德纳氏菌病疫苗、狐绿脓杆菌疫苗、巴氏杆菌疫苗等。这些疫苗当中,有的是冻干苗、湿冻苗,有的是常温保

存苗。

1. 保存　各种疫苗应保存在低温、阴暗、干燥及清洁的地方。保存冻干苗一般要求放在－15℃以下保存，温度越低，保存时间越长；灭活苗应保存在2℃～15℃的阴暗环境中；非冻干活菌苗应保存在4℃～8℃冰箱中。灭活苗和非冻干活菌苗均不能冻结保存。保存温度应保持稳定，温度不能波动太大，尤其反复冻融能造成病毒、细菌的大量死亡。

2. 运输　要求包装完善，防止碰坏瓶子和散播活的弱毒病原微生物。运送途中避免日光直射和高温，并尽快送到保存地点或预防接种场所。固态的冻干苗应在低温条件下运送，大量运送应用冷藏车，少量运送可装在装有冰块的保温瓶内，运输时间夏季不能超过48小时，冬季不能超过72小时；对液体苗可在常温下运输，途中在夏季最好不超过15天，如在25℃以上温度运输最好将疫苗放在保温箱中，并加冰块，在较低温度下运输，北方寒冷地区要避免液体制品冻结。

3. 用前检查　疫苗使用前需仔细检查，有下列情况之一者不得使用：①没有瓶签或瓶签模糊不清，没有合格证者。②过期失效者。③疫苗的质量与说明书不符，如色泽、沉淀、制品内有异物、发霉或有臭味者。④瓶塞不紧或玻璃破裂者。⑤没有按规定方法保存者，如阴道加德纳氏菌疫苗经过冻结后，其免疫力降低。

(二)疫苗的使用

1. 疫苗的稀释

(1)器械的消毒　一切用于疫苗稀释的器具如注射器、针头、容器等，使用前必须洗涤干净，并经高压蒸汽灭菌或煮沸消毒，不干净的和未经消毒灭菌的用具，容易造成疫苗的污染或疫苗病毒、细菌死亡。

(2)稀释剂的选择　必须选择符合要求的稀释剂来稀释疫苗。

如冻干苗稀释可用灭菌的蒸馏水或灭菌的生理盐水。

(3)稀释方法 稀释疫苗时，首先将疫苗瓶盖消毒，再用注射器将少量的稀释剂注入疫苗瓶中，充分振荡，使疫苗完全溶解后，再加入其余量的稀释剂。如果瓶太小，可将疫苗吸出放于另一容器中，再用稀释剂把原疫苗瓶冲洗若干次。

2. 疫苗稀释后尽快使用 疫苗应于临用前由冰箱内取出，稀释后应尽快使用，尤其是活疫苗稀释后，于高温条件下或阳光照射下易死亡。一般来说，疫苗应于 2～4 小时用完，超过时间的要废弃，更不能隔天使用。

3. 疫苗接种途径及方法

(1)皮下注射 毛皮动物的疫苗有肌内注射的，也有皮下注射的。但是，建议采用皮下注射疫苗。注射部位可选择皮肤疏松、皮下组织丰富而又没有大血管处为宜。毛皮动物常在肩胛、腹侧或后腿内侧注射。注射部位用酒精消毒后，用左手拇指和食指将皮肤捏起，形成褶皱，右手持注射器，在褶皱底部稍斜向下(或平行于躯干)把针头刺入皮肤与肌肉之间，将疫苗推入。完毕后拔出针头，立即用酒精棉球揉擦，使疫苗液尽快散开。否则针头太向下就可能注射到肌肉中，导致疫苗很快在体内产生大量抗体，很快达到高峰，而且抗体水平也很快下降，从而缩短了免疫时间；针头太向上就会注射到真皮组织中，疫苗产生抗体时间较慢达不到快速免疫效果。

(2)肌内注射 肌内注射，应选择肌肉丰满、血管少、远离神经干的部位，毛皮动物常选择肌肉丰满的后肢内侧、颈部或臀部。注射部位用酒精棉球消毒，以左手食指与拇指压住注射部位肌肉，右手持注射器稍直而迅速进针。

(三)疫苗使用注意事项

第一，注射前仔细检查疫苗瓶有无裂缝，瓶盖是否松动，性状是否有所改变，凡确定有异常的都不能使用或与生产厂家联系征求意见。并要详细看说明书，严格按说明操作。

第二，对湿冻疫苗事先用冷水快速解冻，如犬瘟热疫苗、狐脑炎疫苗。

第三，将疫苗必须充分震荡均匀后使用。

第四，注射器与针头煮沸消毒，1 头兽用 1 个针头，注射部位先用 2%碘酊擦拭，再用 75%酒精棉球脱碘。大群注射时，可直接以酒精棉球消毒。

第五，不论是湿冻苗还是常温保存的苗，每瓶启用后应 1 次用完。使用后的注射器、疫苗瓶或剩余的疫苗，千万不要随意乱扔，应该在炭火中焚烧后再扔到固定的地方，并定期深埋。以防散毒。注射疫苗时药液不能随地泄漏或打在毛皮上，若污染环境，易引发疫病。

第六，注意变态反应，某些疫苗注射后动物可能发生暂时性的微热反应及食欲减退、精神不振等，属正常反应。个别兽（1%～2%）可能出现呕吐、肌肉震颤等变态反应而引起死亡，及时用肌内注射肾上腺素（0.5～1 毫升），或地塞米松（0.5～1 毫克），或 10%葡萄糖酸钙注射液 5～20 毫升静脉注射抢救。

第七，一般在注射疫苗后应观察 1 周。最好在免疫接种后2～3 周抽样检测抗体水平，以判断疫苗免疫效果，便于采取补救措施，这在大型饲养场是十分必要的。

第八，注射疫苗应与驱虫注射时间间隔 7 天以上，减少过度应激反应。夏季防疫时如果仔兽日龄小，可只对母兽驱虫。如果整群应用了抗生素等药物，则至少 7 天之内不宜免疫注射。注意群体的健康状态，一般在计划防疫前 20～30 天进行整群驱虫。

第九，应保存留样疫苗，以备后查，以利于事故处理和仲裁。

四、毛皮动物常用疫苗及免疫接种程序

狐、貉、貂需每年定期接种疫苗，以防传染病的发生。狐、貉、貂主要接种犬瘟热、病毒性肠炎、阴道加德纳氏菌等疫苗。狐狸还要接种脑炎疫苗。另外，根据当地发病情况，灵活选用巴氏杆菌、绿脓杆菌等其他疫苗接种预防。水貂还要定期进行阿留申病的检测，及时淘汰阳性貂，以杜绝该病的蔓延。

(一)犬瘟热疫苗

犬瘟热病是由副黏病毒科，麻疹病毒属引起的犬科、鼬科及部分浣熊科动物急性、热性高度接触性传染病。该病是危害水貂、狐狸、貉最为严重的传染病，目前尚无有效的治疗方法，防制本病的最有效的措施是定期接种犬瘟热疫苗。目前已有甲醛灭活疫苗、细胞培养弱毒疫苗、鸡胚成纤维弱毒疫苗。

1. 甲醛灭活疫苗 采取犬瘟热病毒感染发病的水貂、狐、貉的脾、肝、淋巴结制成20%组织匀浆悬液，加入0.1%甲醛，37℃灭活24小时，加入一定量佐剂即成，目前很少用该疫苗，用于发病场作自家灭活疫苗也不理想。

2. 细胞培养弱毒疫苗 用Vero细胞增殖病毒使病毒稳定一定滴度，制成细胞弱毒疫苗，目前国内很少应用该种疫苗。

3. 鸡胚成纤维细胞弱毒疫苗 将犬瘟热鸡胚弱毒接种于鸡胚成纤维细胞增殖制成湿菌和冻干菌，是目前国内应用最为广泛的疫苗，中国农业科学院特产研究所等就是采用该方法制备犬瘟热疫苗。

(1)用途 用于预防犬瘟热疫病，也可做紧急接种。适用狐、貉、貂等动物。

(2)免疫期 免疫期为6个月。

(3)用法 ①在污染地区,种兽在配种前的12月份至翌年1月份做第一次接种,然后在6～7月份进行第二次接种,1年免疫2次。仔幼兽自母体奶中获得的母源抗体可保护40～60日龄,在断奶分窝后做第一次接种,然后在12月份至翌年1月份留种时做第二次免疫,每年免疫2次。在流行场,接种未发病兽也可起到减少发病、死亡和控制疫情扩大的作用。引进的新种貂在隔离下进行预防接种,观察2周后再混群。②在非污染地区,包括受威胁区与清洁区在内,在12月份至翌年1月份配种前给种兽做第一次免疫接种,于6～7月份仔兽断奶分窝后(45～60日龄)进行第二次预防接种;引进种兽在隔离条件下预防注射,观察2周后方可混群饲养。

(4)剂量 水貂1毫升;小体型地产狐3毫升;改良大体型狐4毫升;由于貉对犬瘟热敏感,且临床发病率较高,因而建议免疫剂量为4毫升。

(5)保存 疫苗为冻干苗,－15℃以下保存,有效期为1年。

(二)细小病毒性肠炎疫苗

细小病毒性肠炎是由细小病毒引起的一种急性、高度接触性传染病,主要是胃肠黏膜炎症,出血、坏死和急剧下痢为主要特征。严重者可以造成水貂全群覆灭,狐狸、貉较水貂次之。该病是危害毛皮动物主要传染病之一。目前有同源组织灭活疫苗、细小病毒弱毒疫苗、细小病毒细胞弱毒疫苗。

1. 同源组织灭活疫苗 该疫苗是采用病兽肝、脾、肾、肠系膜淋巴结,制成10%的悬液,加入一定量福尔马林,37℃灭活24小时,加入一定量佐剂而成。在我国刚开始发现本病时主要应用该种疫苗,但目前已很少应用,主要是该苗有成本高,且易带入其他病原微生物,局部反应大,注射不方便等弊端。

2. 细小病毒弱毒疫苗 目前我国主要有2种弱毒疫苗。一种是由猫泛白细胞减少症病毒制成的弱毒疫苗；另一种是由水貂肠炎病毒制备的弱毒疫苗。但目前应用弱毒疫苗很少，主要原因是在弱毒苗制备时易带入强毒并有返祖的危险。

3. 细小病毒细胞灭活疫苗 主要采用猫肾传代细胞培养细小病毒强毒，然后用一定量福尔马林灭活，加入一定量佐剂研制而成，该疫苗是目前应用最广泛的一种疫苗，具有安全、高效、方便、廉价等优点。

(1)用途 用于预防细小病毒引起的腹泻，也可做紧急接种。适用狐、貉、貂等动物。

(2)免疫期 免疫期为 6 个月。

(3)用法 留种兽在配种前 20 天做第一次接种，在自身获免疫力的同时还可通过乳汁保护新生仔兽，于仔兽断奶分窝后(45～60 日龄)再进行第二次接种，每年进行两次预防注射，可获得 1 年的免疫力。仔兽在断奶分窝后注射疫苗 1 次，留种兽在配种前再接种 1 次，即可获得全年免疫。

(4)剂量 狐、貉用 3 毫升，水貂用 1 毫升。

(5)保存 疫苗为液体苗，2℃～8℃贮存。

(三)狐脑炎疫苗

狐狸脑炎是由腺病毒引起的一种烈性传染病，20 世纪 80 年代由于引进种狐把本病带入我国，目前全国各养狐场均有暴发该病的报道，已成为危害我国养狐业重要的传染病之一。目前有细胞培养灭活疫苗、狐脑炎弱毒疫苗。

1. 细胞培养灭活疫苗 该疫苗是采用腺病毒Ⅰ型强毒，感染狗肾细胞，经灭活后，加入适量佐剂而成。该疫苗由于免疫原性较差，因此很少应用。

2. 狐脑炎弱毒疫苗 该疫苗是由腺病毒经致弱后，在狗肾细胞增殖而成。其具有免疫原性强，安全可靠，深受广大用户的欢迎，对控制狐脑炎蔓延流行起到了积极作用。

(1)用途　用于预防狐脑炎，也可做紧急接种，适用于狐等动物。

(2)免疫期　免疫期为 6 个月。

(3)用法　留种狐在配种前 20 天做第一次接种，在自身获免疫力的同时还可通过乳汁保护新生仔兽，于仔狐断奶分窝后(45～60 日龄)再进行第二次接种，每年进行 2 次预防注射，可获得 1 年的免疫力。仔狐在断奶分窝后注射疫苗 1 次，留种兽在配种前再接种 1 次，即可获得全年免疫。

(4)剂量　狐用 3 毫升。

(5)保存　疫苗为冻干苗，在－15℃以下保存。

(四)水貂阿留申病疫苗

由于水貂阿留申病毒(ADV)在貂体产生不被中和清除的免疫复合物致病，免疫存在困难。中国农业科学院特产研究所籍玉林研究员主持研制的阿留申病灭活疫苗的免疫预防有良好的效果，是该病免疫防制的突破。水貂阿留申病(AD)灭活疫苗的研制成功，为有效控制水貂阿留申病并将其扑灭，提供了可行性，使创建无水貂阿留申病貂场已成为现实。

1. 用途　用于预防水貂阿留申病，适用于水貂。

2. 免疫期　免疫期为 6 个月。

3. 用法　①每年仔貂断奶分窝 3 周后，应用对流免疫电泳(CIEP)法对貂群进行 AD 的检测，根据检测结果，将 AD 阳性貂与 AD 阴性貂进行分群，做好标记；经 AD 检测呈阴性的水貂立即接种 AD 灭活疫苗，每只貂皮下接种 1 毫升。②取皮期(11 月下旬至 12 月上旬)，对要留作种用的水貂进行第二次免疫接种。

4. 剂量　水貂用 1 毫升。

5. 保存　疫苗为液体苗，在 2℃～8℃贮存。

(五)阴道加德纳氏菌病灭活菌苗

国内外均已研制出疫苗。国内用GVF44菌株制成的氢氧化铝胶灭活疫苗,免疫保护率为92%。疫苗使用安全,注射后无副作用。

1. 用途 用于预防由阴道加德纳氏菌引起的母兽流产、空怀。适用于狐、貉和水貂等动物。

2. 免疫期 免疫期为6个月。

3. 用法 在发情期前2个月全群狐肌内注射狐阴道加德纳氏菌疫苗。仔狐断奶后15～21天与成年狐同时注射,可起到良好的保护作用。

4. 剂量 无论动物大小均为1毫升。

5. 保存 疫苗为液体苗,在2℃～8℃贮存,有效期为10个月。

(六)绿脓杆菌疫苗

1. 绿脓杆菌多价灭活菌苗

(1)用途 用于预防化脓性子宫内膜炎。适用狐、貉、貂等动物。

(2)有效期 免疫期为6个月。

(3)用法 肌内注射,每年免疫1次,只供配种前15～20天的母兽使用。

(4)剂量 免疫剂量为2毫升。

(5)保存 疫苗为液体苗,于2℃～8℃贮存。

2. 其他疫苗 给本场的水貂注射,其免疫期为6个月。前苏联已研制出假单胞菌和貂病毒性肠炎二联苗,其免疫期为1年。日本学者本间等研制出共同抗原苗,对任何血清型的感染均有预防效果。如果向其中添加绿脓杆菌产生的蛋白酶及弹性纤维酶类毒素，制成3种混合菌苗，其防疫效果更好，对假定健康貂和病貂均有很好的防治作用。我国科技工作者还研制出貂假单胞菌病脂多糖疫苗，效果安全可靠，现已用于生产实践。

（七）巴氏杆菌多价灭活菌苗

1. 用途　用于预防巴氏杆菌感染引起的败血症。适用狐、貉、貂、海狸鼠等动物。

2. 免疫期　免疫期为6个月。

3. 用法　肌内注射，每年免疫2次，幼兽断奶2～3周后接种。

4. 用量　预防用量均为2毫升。

5. 保存　疫苗为液体苗，于2℃～8℃贮存。

（八）联合疫苗

随着毛皮动物饲养业的不断发展，为了获得更大的经济效益，规模性毛皮动物饲养场不断增加，有关科研单位为适应规模养殖场的需要，已研究出以下几种疫苗。

1. 水貂犬瘟热、病毒性肠炎和肉毒梭菌三联疫苗　该疫苗采用绿猴肾细胞培养犬瘟热病毒，猫肾细胞培养细小病毒和肉毒梭菌干粉疫苗联合而成。免疫期可达6个月以上，保护率可达95%以上，但目前全国各养貂场很少应用。

2. 狐、貉犬瘟热、病毒性肠炎和脑（肝）炎三联疫苗　该疫苗主要采用组织培养方法增殖3种病毒，按适当比例联合而成。该疫苗具有安全、方便、免疫原性强、廉价等优点。目前此三联疫苗已进入到中试阶段，有望取代3种单价疫苗，并具有很好的应用前景。

（1）用途　用于预防狐、貉犬瘟热、病毒性肠炎和脑（肝）炎。适用狐、貉、貂等动物。

(2)免疫期　1～2 周产生免疫力,免疫期为半年。

(3)用法　肌内注射,仔兽于断奶 3 周后首次注射,间隔 2 周再加强免疫 1 次;成兽于配种前 1 个月注射。

(4)用量　预防用量均为 2 毫升。

(5)保存　疫苗为冻干苗,于－15℃以下保存。

思考题

1. 灭活苗和弱毒苗的优缺点有哪些?
2. 毛皮动物常用疫苗的运输和保存条件是什么?
3. 在疫苗使用过程中应注意哪些问题?
4. 毛皮动物常用的疫苗有哪些?
5. 使用疫苗如何预防犬瘟热的发生?

第四章　毛皮动物防疫员需掌握的药物预防技术

药物预防是指利用特定的药物，预防动物群体特定传染病的发生与流行的一种非特异性方法，亦称药物预防技术。主要包括以下内容。

一、抗菌药基础知识

(一)抗菌药的种类

临床上用于预防用的抗菌药主要包括抗生素类和化学合成类药物。抗生素是一些由细菌或真菌产生的对其他微生物生长有抑制作用的化合物。化学合成药物是通过化学方法合成对某些微生物生长有抑制作用的化合物。它们可单独使用或与其他抗菌药混合使用，以促进动物的生长和提高饲料转化率或控制疾病。作为保健添加剂常用于生产的有磺胺类药物、抗生素和硝基呋喃类药物。近年来常用的保健添加剂还有氟哌酸、吡哌酸等。上述药物中除青霉素、链霉素等抗生素供注射外，大多可混于饮水或拌入饲料中进行口服。

(二)抗菌谱和抗菌活性

抗菌谱是指药物抑制或杀灭病原微生物的范围。凡仅作用于单一菌种或某属细菌的药物称窄谱抗菌药，如青霉素主要对革兰氏阳性菌有作用；链霉素主要作用于革兰氏阴性菌。凡能杀灭或抑制多种不同种类的细菌，抗菌谱范围广泛，称广谱抗菌药，如四环素类、氯霉素类、庆大霉素、广谱青霉素类、第三代头孢菌素、氟喹诺酮类等。

抗菌活性是指抗菌药抑制或杀灭病原微生物的能力。抗菌药的抑菌作用和杀菌作用是相对的，有些抑菌药在低浓度时呈抑菌作用，在高浓度时呈杀菌作用。临床上所指的抑菌药是指仅能抑制病原菌的生长繁殖，而无杀灭作用的药物，如磺胺类、四环素类等。杀菌药是指具有杀灭作用的药物，如青霉素类、氨基糖苷类、氟喹诺酮类等。

（三）耐药性

又称抗药性，分为天然耐药性和获得耐药性 2 种。前者属细菌的遗传特征，不可改变。例如，绿脓杆菌对大多数抗生素不敏感；极少数金黄色葡萄球菌亦具有天然耐药性特征。获得耐药性，即一般所指的耐药性，是指病原菌与抗菌药多次接触后对药物的敏感性逐渐降低，甚至消失，致使抗菌药对耐药病原菌的作用降低或无效。某种病原菌对一种药物产生耐药性后，往往对同一类的药物也具有耐药性，这种现象称为交叉耐药性。交叉耐药性包括完全交叉耐药性及部分交叉耐药性。完全交叉耐药性是双向的，如多杀性巴氏杆菌对磺胺嘧啶产生耐药性后，对其他磺胺类药均产生耐药。部分交叉耐药性是单向的，如氨基糖苷类药之间，对链霉素耐药的细菌，对庆大霉素、卡那霉素、新霉素仍然敏感；而对庆大霉素、卡那霉素、新霉素耐药的细菌，对链霉素也耐药。

（四）药物的联合使用

联合应用抗菌药的目的是扩大抗菌谱、增强疗效、减少用量、降低或避免毒副作用，减少或延缓耐药菌株的产生。临床中根据抗菌药物的抗菌机制和性质，将其分为 4 大类：一类为繁殖期或速效杀菌剂，如青霉素类、头孢菌素类；二类为静止期或慢效杀菌剂，如氨基糖苷类、多黏菌素类(对静止期或繁殖期细菌均有杀菌作用);三类为速效抑菌剂,如四环素类、氯霉素类、大环内酯类;四类为慢效抑菌剂,如磺胺类等。一类和二类合用一般可获得增强作用,如青霉素G和链霉素合用。一类与二类合用出现拮抗作用。一类和四类合用,可能无明显影响,但在治疗脑膜炎时,合用可提高疗效,如青霉素G与磺胺嘧啶(SD)合用。其他类合用多出现相加或无关作用。但有些药物联合使用,则可能出现减弱疗效或增加毒性的现象。这种情况属配伍禁忌,必须避免。配伍时若无把握,应从慎重的原则出发,仔细查阅“药物配伍禁忌表”。

(五)药物的剂量

药物的剂量又叫药用量,一般指成年动物的1次用量。为达到最佳治疗效果而又不致引起中毒,适度用药显得十分重要。剂量的大小和动物的种类、年龄、性别、个体大小及身体状况等均有密切关系。常用药物产品说明书上对其用量、用途等情况有详尽的介绍,使用前应认真阅读。计量时,固体药物用重量表示,常用单位是克(g)、毫克(mg);液体药物用容量表示,常用单位是毫升(ml);抗生素、维生素、激素采用特定的“单位”(U)或“国际单位”(IU)表示。如磺胺嘧啶(SD)使用剂量,内服量:水貂、麝鼠1次0.2～0.3克;狐、貉1次0.5～0.7克。

(六)药物的保管与贮存

1. 药物的保管 药物的保管应有严格的制度,包括出入库检查、验收,建立药品消耗和盘存账册,逐月填写药品消耗、报损和盘存表,制订药物采购和供应计划。

2. 药物的贮存 促使药物变质和失效的主要原因包括空气、光线、温度、湿度、微生物与昆虫、贮藏时间等,妥善保存管理药物,就是尽可能地避免上述因素对兽药质量的影响。

(1)防止过期　药品因其物理、化学性质不稳定，要在规定的有效期内使用。在保存和使用时，要特别注意掌握“先进先用”和“近期先用”的原则。凡过期药物不得再用。

(2)避光存放　某些抗生素如恩诺沙星遇光、遇热可发生化学变化，导致药效降低或毒性增加，应放于避光容器内。

(3)置于低温处　受热易分解失效的原料药，最好放置于2℃～10℃低温处。

(4)密封保存　有些药物易氧化变质，应存放在密封容器中。

二、临床常用的抗菌药

(一)青霉素类

青霉素类药物对酸不稳定，内服效果差或无效，肌内注射后，吸收快而完全。吸收后迅速分布在组织中。青霉素类的结构与细胞壁的成分黏肽结构中的D-丙氨酰-D-丙氨酸近似，可与后者竞争转肽酶，阻碍黏肽的形成，造成细胞壁的缺损，使细菌失去细胞壁的渗透屏障，对细菌起到杀灭作用。常用的有青霉素G和半合成青霉素(广谱抗生素)。主要有氨苄青霉素(氨苄西林)、羟氨苄青霉素(阿莫西林)、羧氨苄青霉素(卡比西林)。

1. 青霉素(又称苄青霉素、青霉素G)　青霉素是由青霉菌经微生物发酵法制取的一种抗生素。青霉素是一种不稳定的有机酸，难溶于水。一般制成稳定性高、易溶于水的钾盐或钠盐供临床使用。青霉素钾(钠)盐均为白色结晶性粉末，在干燥条件下稳定，常分装成80万、160万单位供注射用。青霉素的抗菌谱较窄，主要对革兰氏阳性菌，如金黄色葡萄球菌、链球菌、肺炎球菌、丹毒杆菌、炭疽杆菌、破伤风杆菌以及螺旋体、放线菌等有较强的抗菌作用，对部分革兰氏阴性杆菌如巴氏杆菌、布鲁氏菌、大肠杆菌及沙门氏菌作用很弱，对分枝杆菌、真菌、立克次氏体、支原体、病毒、原虫等完全无效。主要用于治疗各种敏感病原体所致的感染，如肺炎、猪丹毒。

2. 氨苄青霉素钠(氨苄西林钠)　氨苄青霉素钠为白色或类白色的粉末或结晶，易溶于水。为广谱半合成青霉素。既可抗革兰氏阳性菌，又可抗革兰氏阴性菌，但对耐青霉素G的葡萄球菌无效。本品耐酸，内服吸收良好。同等剂量的血药浓度较青霉素G高。主要用于敏感菌引起的呼吸系统、泌尿系统、胆管、肠道感染以及败血症等。在治疗严重感染时，可与头孢菌素类、氨基糖苷类抗生素(如庆大霉素等)联合应用效果较佳。常与舒巴坦钠合用，克服细菌耐药性。

(二)头孢菌素类

又称先锋霉素类。根据发现时间的先后，可分为一、二、三、四代头孢菌素。头孢菌素类具有抗菌谱广、杀菌力强、毒性小、过敏反应较少，对酸和β-内酰胺霉比青霉素类稳定等优点。由于价格的原因，兽医临床还未广泛应用，仅用于宠物、种畜禽及贵重动物等特殊情况的治疗，且很少作为首选药物应用。主要治疗耐药金黄色葡萄球菌及某些革兰氏阴性菌如大肠杆菌、沙门氏菌、伤寒杆菌、巴氏杆菌等引起的消化道、呼吸道、泌尿生殖道感染。

(三)大环内酯类

此类抗生素是利用放线菌或小单孢菌产生的具有大环内酯环的抗生素的总称，因含有氨基糖而呈碱性。该类抗生素主要对革兰氏阳性菌和某些革兰氏阴性菌有效，对临床上常用抗生素形成的耐青霉素的葡萄球菌、支原体都有抑制作用。同类中不同的产品生物活性有很大差别，如十六环大环内酯类抗生素生物活性最强，对多种耐药细菌有抗药活性。此类抗生素主要从肠道中吸收，能产生交又耐药性，主要包括泰乐菌素、北里霉素、红霉素、螺旋霉素。

1. 红霉素 抗菌谱和青霉素相似。对革兰氏阳性球菌和杆菌均有较强的抗菌作用，对部分革兰氏阴性杆菌如布鲁氏菌、立克次氏体、螺旋体等也有抑制作用，但对肠道革兰氏阴性杆菌（如大肠杆菌、变形杆菌、沙门氏菌等）不敏感。兽医临床上主要用于耐青霉素金黄色葡萄球菌及化脓性链球菌、肺炎球菌、肠球菌等所引起的肺炎、子宫炎、乳腺炎、猪丹毒等的治疗。

利用红霉素成盐的不同，制成了多种红霉素盐及其制剂，如乳糖酸红霉素、乳糖酸红霉素可溶粉、硫氰酸红霉素、硫氰酸红霉素可溶性粉、琥乙红霉素、琥乙红霉素可溶性粉等制剂。

2. 泰乐菌素 本品为动物专用抗生素。对革兰氏阳性球菌、霉形体、螺旋体等均有抑制作用；对大多数革兰氏阴性杆菌作用较差。对革兰氏阳性菌的作用较红霉素弱，而对支原体的作用较强。本品毒性小，几乎无残留，可作为动物的饲料添加剂，以促进增重和提高饲料的转化率。

3. 北里霉素（柱晶白霉素） 其酒石酸盐极易溶于水。本品的抗菌谱同红霉素，对革兰氏阳性菌有较强的抗菌作用，对一些革兰氏阴性菌、支原体、立克次氏体、螺旋体等也有效。用于治疗革兰氏阳性菌、支原体和螺旋体所致的感染，并可促进猪、鸡等畜禽生长。其制剂有北里霉素预混剂、酒石酸北里霉素可溶性粉等。

（四）氨基糖苷类

此类抗生素是由链霉菌或小单孢菌培养液中提取，或以天然抗生素为原料半合成制取的一类水溶性较强、性质较稳定的碱性抗生素。氨基糖苷类的抗菌谱除链霉素为窄谱抗生素外，其他均为广谱抗生素。氨基糖苷类口服吸收不良，只可用于肠道感染。胃肠道不易吸收，注射给药后效果良好，大部分以原形经肾脏排出。主要作用机制为抑制细菌蛋白质的合成，高浓度时有杀菌作用，低浓度时有抑菌作用。本类药物对静止期细胞的杀灭作用强，为一类静止期杀菌药。

1. 链霉素　兽医临床上常用的是硫酸链霉素。水溶液中易失效。链霉素属窄谱抗生素，主要对革兰氏阴性杆菌如大肠杆菌、产气杆菌、肺炎杆菌、痢疾杆菌、变形杆菌、布鲁氏菌、鼠疫杆菌等有抗菌作用。但对大多数革兰氏阳性菌不如青霉素，对梭菌、真菌、立克次氏体、病毒等无效。临用前加灭菌注射用水适量使其溶解。肌内注射1次量，每千克体重10毫克，每日注射2次。不宜与其他氨基糖苷类抗生素联合应用，以免增加毒性，使听神经损伤及肝、肾功能受损。

2. 新霉素（弗氏霉素）　常用其硫酸盐。易溶于水，耐热。本品的抗菌范围与卡那霉素相似。内服很少吸收。用于治疗葡萄球菌、痢疾杆菌、大肠杆菌、变形杆菌等感染。

3. 卡那霉素及丁胺卡那霉素　常用其硫酸盐。对大多数革兰氏阴性菌如大肠杆菌、产气杆菌、沙门氏杆菌、变形杆菌、多杀性巴氏杆菌等有较强的抗菌作用，对金黄色葡萄球菌和结核杆菌也有效。但链球菌、绿脓杆菌、梭状芽孢杆菌、猪丹毒杆菌等对本品多耐药。对病毒、真菌无效。

4. 庆大霉素（又称正泰霉素）　为广谱抗生素，对革兰氏阳性和阴性细菌如大肠杆菌、金黄色葡萄球菌、绿脓杆菌等均有抗菌作用，尤其是抗绿脓杆菌的作用非常显著。庆大霉素为碱性化合物，常用其硫酸盐制成硫酸庆大霉素注射液使用。

5. 庆大-小诺霉素　本品由生产小诺霉素的副产物研制而成，含小诺霉素及庆大霉素等成分。其硫酸盐易溶于水，且稳定性良好，故常制成硫酸庆大-小诺霉素注射液。本品对多种革兰氏阳性和阴性菌如大肠杆菌、沙门氏杆菌、巴氏杆菌、绿脓杆菌、变形杆菌等均有抗菌作用，对革兰氏阴性菌作用尤其强效。其抗菌活性高于庆大霉素，毒副反应低于同剂量的庆大霉素。主要用于敏感菌所致的疾病。

(五)四环素类

是由链霉菌培养液中提取或经半合成而得的一类抗生素,因分子结构中有4个环而得名,故称四环素族。四环素类抗生素为广谱抗生素,对畜禽呼吸系统疾病和家畜的细菌性腹泻非常有效,连续低浓度投药有良好的促生长效果,而且还能促进产蛋和增加泌乳量。但因四环素类抗生素属人、畜共用抗生素,易产生抗药性。欧洲已禁止该类抗生素作为促生长抗生素应用,美国和日本仍在使用金霉素和土霉素季铵盐,目前我国兽医临床上常用的四环素类抗生素有土霉素(氧四环素)、四环素和四环素族的半合成衍生物强力霉素(脱氧土霉素、多西环素)等。

1. 土霉素片 用于某些革兰氏阳性和阴性细菌、立克次氏体、支原体等感染。牛羊反刍兽、马属动物和兔不宜内服。

2. 盐酸脱氧土霉素(多西环素、强力霉素) 脱氧土霉素为半合成四环素类抗生素,由土霉素6,α-位上脱氧而制成。有广谱抗菌作用,可用于革兰氏阳性球菌和阴性杆菌、立克次氏体、支原体引起的感染。

(六)多肽类

此类抗生素从多黏杆菌或产气孢子杆菌的培养液中提取制得。常用的多肽类抗生素有多黏菌素B、多黏菌素E、杆菌肽(枯草菌肽)、万古霉素(凡可霉素)等。

多肽类抗生素中,不同的抗生素所具有的抗菌作用不同,可分别对抗革兰氏阳性菌、革兰氏阴性菌、真菌、病毒、螺旋体、原虫的感染,对败血症、呼吸道感染、泌尿道感染、乳腺炎等疾病有较好的治疗作用。小剂量时抑菌,大剂量时杀菌。多肽类抗生素的作用机制也各不相同,多黏菌素类可改变细菌胞浆膜的功能,而杆菌肽则作用于细胞壁和细胞质。多肽类抗生素的最大优点是细菌不易产生耐药性，但缺点为毒性较大，除对细菌细胞膜损伤外，对动物细胞膜也起作用，主要对肾、神经系统有一定毒性。

1. 硫酸多黏菌素B 易溶于水，在pH值为5.7～7.5的水溶液中最稳定，在碱性液中不稳定。主要对革兰氏阴性杆菌有较强的杀伤作用，临床上主要用于绿脓杆菌等敏感菌引起的肺部、泌尿系统感染及败血症等病症。注意按兽医推荐剂量使用，否则使用剂量较大可引起肾脏损害及神经系统功能紊乱等。另外，本类抗生素内服不吸收，不能用于全身感染。

2. 硫酸多黏菌素E(硫酸黏杆菌素、硫酸抗敌素) 本品对大多数革兰氏阴性杆菌有较强的抗菌作用，特别是对绿脓杆菌作用效果更为显著，主要用于绿脓杆菌、大肠杆菌引起的呼吸道感染、泌尿系统感染、败血症等病症，细菌一般对本品不产生耐药性，但本品与多黏菌素B之间有交叉耐药性。

本品不宜与氨基糖苷类抗生素联用，因联用可导致神经系统中毒而产生肌无力和呼吸暂停的危险；不宜与磺胺嘧啶钠、碳酸氢钠、氢化可的松、细胞色素C等配伍，以免产生沉淀或降效。

3. 杆菌肽 加锌使成杆菌肽锌，预混剂混入饲料中用于促进畜禽生长。杆菌肽的抗菌作用同青霉素，主要对革兰氏阳性细菌和阴性球菌、螺旋体等均有杀菌作用。其作用机制不仅作用于细胞壁，也对胞浆膜有损伤作用。主要用于耐青霉素的葡萄球菌感染及外用皮肤感染等。

(七)氯霉素类

本类抗生素包括氯霉素、甲砜霉素及其衍生物氟苯尼考等，它们均属广谱抗生素。目前以氟苯尼考使用较多。氯霉素是第一个合成的抗生素。它虽然是一种广谱、高效的抗生素，但由于可引起较多的不良反应，因而影响了它的临床应用和发展。

1. 氯霉素 内服吸收良好，肌内注射吸收慢，主要在局部滞留。但琥珀酸氯霉素的水溶性好，肌内注射吸收迅速，消除亦快。氯霉素属广谱抗生素，对革兰氏阳性菌和阴性菌都有作用，但对阴性菌的作用比阳性菌的作用强。本品主要用于肠道感染，主要是沙门氏菌、大肠杆菌等引起的腹泻。同时，也可用于子宫炎、乳腺炎等。但长期或多次反复应用时，氯霉素可抑制骨髓造血功能，引起血小板减少、粒细胞缺乏症和溶血性贫血等。目前此药是国家食品动物禁用药物。

2. 氟苯尼考 是甲砜霉素的单氟衍生物。内服和肌内注射吸收快，体内分布较广，大多数药物以原型从尿中排出。抗菌谱与氯霉素相似，但抗菌活性优于氯霉素和甲砜霉素。用于动物多种细菌病。

（八）磺胺类

这是一类化学合成的抗菌药物，可抑制大多数革兰氏阳性菌和部分革兰氏阴性菌，对放线菌和一些大型病毒以及弓形虫也有一定的作用。也用于抗水生动物的细菌病，个别磺胺类药还能选择性地抑制某些原虫（如球虫等）。磺胺药又分为全身感染用药，如磺胺嘧啶（SD）、磺胺甲基异噁唑（SMZ）等；肠道用药即肠内不易吸收的磺胺药，如磺胺脒（SG）、酞磺胺噻唑（PST）；局部用磺胺药，如甲磺灭脓（SML）、磺胺嘧啶银（SD-Ag）。

1. 磺胺二甲嘧啶（SM_2） 磺胺二甲嘧啶片。主要用于敏感菌感染，如巴氏杆菌病、乳腺炎、子宫炎、呼吸道及消化道感染，也可用于球虫和弓形虫感染。

2. 磺胺甲基异噁唑（SMZ、新诺明、新明磺） 磺胺甲基异噁唑片。主要用于呼吸道、泌尿道等严重感染。

3. 磺胺对甲氧嘧啶（SMD） 主要用于敏感菌感染，也可用于球虫感染。常和二甲氧苄氨嘧啶制成预混剂。用于肠道感染、球虫病及其他细菌性疾病。

4. 磺胺间甲氧嘧啶钠(SMM、制菌磺)　主要用于敏感菌所致的呼吸道、胃肠道、泌尿道等感染。

5. 磺胺喹噁啉　主要用于球虫病的治疗。常与二甲氧苄氨嘧啶制成预混剂。

(九)抗菌增效剂

抗菌谱与磺胺类药相似,抗菌作用较强,能增强磺胺类药和多种抗生素的疗效,抗菌增效剂由此得名。与磺胺类药合用使磺胺类药的抗菌效力增强几倍乃至几十倍,由抑菌作用变为杀菌作用;能扩大磺胺类药的抗菌谱范围。抗菌增效剂与四环素、青霉素、庆大霉素、卡那霉素等合用,也有一定的增效作用。国内大量生产供临床使用的抗菌增效剂,有甲氧苄氨嘧啶(TMP)和二甲氧苄氨嘧啶(DVD,又称敌菌净)等。

(十)喹诺酮类

是一类人工合成的抗菌药,是近年来研究开发的新领域,作用机制是抑制细菌DNA螺旋酶,干扰细菌DNA合成。根据喹诺酮的发明先后及抗菌性能不同,分为一、二、三代药。

1. 第一代产品　萘啶酸,其抗菌作用仅限于大多数肠杆菌科细菌。

2. 第二代产品　吡哌酸,对革兰氏阴性菌的活性高于萘啶酸,抗菌作用强于庆大霉素、氨苄青霉素,对金黄色葡萄球菌也有效,且与庆大霉素、氨苄青霉素、青霉素G有协同作用。

3. 第三代产品　氟喹诺酮类,主要有诺氟沙星、培氟沙星、环丙沙星、恩诺沙星、氧氟沙星、诺美沙星、单诺沙星等。它们对肠杆菌科、绿脓杆菌、革兰氏阳性菌等有较强的抗菌作用。具有抗菌谱广,杀菌力强,与其他抗菌药无交叉耐药性,疗效高、不良反应少等优点。其中恩诺沙星、单诺沙星、沙拉沙星为动物专用抗菌药。

（十一）硝基呋喃类

主要是痢特灵。本类药是人工合成的广谱抗菌药，对大多数革兰氏阳性菌和革兰氏阴性菌、某些真菌和原虫有效，低浓度抑菌，高浓度杀菌。其抗菌作用是干扰细菌体内的氧化还原系统，使细菌代谢紊乱。痢特灵有基因毒性，此类药物国家已禁用。

（十二）喹噁啉类

本类药是人工合成的新型抗菌药，抗菌机制可能与抑制细菌的 DNA 合成有关。常用药物有喹乙醇、痢菌净（乙酰甲喹）。

1. 喹乙醇（快育灵、倍育诺） 本品外观为浅黄色结晶性粉末，为抗菌药。常用制剂是喹乙醇预混剂（5%），用于促进畜禽生长。

2. 痢菌净（甲喹甲酮、乙酰甲喹） 本品外观为鲜黄色结晶或黄色粉末，无臭，味微苦，在水中微溶，为抗菌药。主要用于密螺旋体所致的猪痢疾，也用于细菌性肠炎。

三、常用抗病毒药物

（一）吗啉胍

又称病毒灵，对 DNA 病毒（腺病毒）和 RNA 病毒均具有明显抑制作用。用于治疗普通感冒、流感、病毒性支气管炎等。

（二）病毒唑

合成广谱抗病毒药，可能是抑制磷酸肌酐脱氢酶，使鸟嘌呤核苷酸不能合成而阻止病毒核酸的合成。对流感病毒（A 型、B 型）、

DNA 和 RNA 病毒均有效。

(三)盐酸金刚烷胺

显著抑制病毒蜕壳作用使病毒核酸不能蜕壳,抑制病毒侵入宿主细胞。对流感病毒作用较好。

(四)无环鸟苷(阿昔洛韦)

为一广谱高效的抗病毒药,本品抗疱疹病毒活性强。在宿主正常细胞的磷酸激酶作用下,转化为具有抗病毒活性的三磷酸阿昔洛韦,对单纯性疱疹病毒、水痘、带状疱疹病毒最敏感,对乙型肝炎病毒、EB 病毒和巨细胞病毒均有抑制作用。不仅可用于局部,还可用于全身的治疗或预防疱疹病毒性感染,毒性低、起效快、口服几乎无副作用。

(五)聚肌胞苷酸(聚肌胞)

本品为一种合成的双链 RNA,高效干扰素诱导剂,有广谱抗病毒作用,增强免疫和抗肿瘤作用。

(六)干 扰 素

本品是脊椎动物细胞在病毒感染受其他刺激后,体内产生的一类抗病毒的糖蛋白物质,具有种特异性。用于病毒性感染,用量少,作用迅速。通过增强机体免疫功能,发挥抗病毒作用。

四、动物微生态制剂

(一)动物微生态制剂的概念

动物微生态制剂是将动物体内的有益细菌通过人工筛选培

育，再经过生物工程工厂化生产出来，再回归其原宿主的原生态环境，从而调整动物体内的微生态平衡的一种微生物制剂。

动物微生态制剂具有以下几个显著特点：①具有安全性，菌株是动物正常存在的菌群，在体内繁殖不产生任何毒素或有害物质。②具有稳定性，菌群在不断繁殖过程中不易产生变异，能有效到达消化道特定部位并大量繁殖，对消化道内的消化酶、挤压、温度、湿度等有一定的耐受性。③体内快速生长，菌株在干燥状态时代谢被抑制但不能死亡，在进入肠道后恢复代谢快速占位繁殖，形成有益菌的生物保护膜，阻止有害细菌、病毒在消化道的吸附。一般有害大肠杆菌 21 分钟繁殖 1 代，有益菌株 19 分钟繁殖 1 代，能有效占位抑制肠道病原菌。④具有生物活性，有益菌株在消化道大量繁殖的同时能分泌乳酸、短链脂肪酸、杀菌素等，能提高机体的免疫能力，有防病抗病作用。⑤具有经济性，单位含活菌量高、繁殖速度快、添加量小、使用过程成本低。

（二）动物微生态制剂的种类

兽用微生态制剂根据国家农业部公布的可用于制造动物微生态制剂的主要菌种主要分 2 类。

1. 防病治病的动物微生态制剂 主要以预防和治疗疾病为目的。多采用乳酸杆菌、双歧杆菌、蜡状芽孢杆菌等活菌制剂，用于防治畜、禽、兽、鱼的消化道、泌尿道疾病。

2. 饲料添加剂微生态制剂 长期在饲料中添加使用，可提高动物抗病能力，提高饲料消化、吸收及利用能力，还可给动物提供营养，合成蛋白质和维生素，如酵母菌。

（三）动物微生态制剂的作用机制

目前人们对微生态制剂的作用机制研究还不够深入，主要有以下 3 种学说：优势菌群学说；菌群屏障学说；微生物夺氧学说。

具体归纳为以下几点。

1. 抑制病原菌生长,净化肠道环境 动物胃肠道菌群的相对平衡如果遭到应激因素的影响,会使平衡失调,病原菌生长,生产性能下降。微生态制剂作为优势菌群进入动物胃肠道后可抑制病原菌,弥补正常菌群数量,从而恢复肠道菌群平衡。肠道内的腐败菌、大肠杆菌等生长,会产生一些有害物质,如吲哚、氨、生物胺、酚等,微生态制剂可抑制这些物质的生长量,从而净化肠道环境。

2. 生物拮抗作用 微生态制剂作为正常菌群,可直接参与肠道正常菌群的生物防御,参与生物屏障结构,拮抗病原菌的生长繁殖。

3. 营养作用 微生态制剂如乳酸杆菌等在消化道内繁衍增殖,促进消化道内氨基酸、维生素等营养物质的消化吸收,促进畜禽生长,提高生产性能。

4. 刺激机体免疫系统,提高机体免疫力 微生态制剂作为非特异免疫调节因子,通过细菌本身或细胞壁成分刺激宿主免疫细胞,使其激活,通过产生抗体和提高噬菌体活性等作用刺激免疫系统,激发免疫功能,提高机体的抗病能力。

5. 生物夺氧 正常动物肠道的优势菌群为厌氧菌,当动物处于应激状态时,兼性厌氧菌增加,可导致动物腹泻及营养不吸收,添加微生态制剂可恢复优势菌群,需氧的微生物如芽孢杆菌能消耗肠道内氧气,造成局部需氧环境,促进有益厌氧微生物的生长,使失调菌群平衡。

(四)动物微生态制剂使用应注意的问题

1. 科学保存 微生态制剂属于活菌制剂,若保存条件不当,都会造成菌数减少或活菌失活,必须根据要求进行保存,一般应保存在干燥、凉暗的地方,适宜的保存温度在15℃以下为好,但不宜长时间存放。已经开启但未用完的微生态制剂,应在保持干燥、凉暗的同时，加强密封管理，因为氧气可使其中的厌氧菌失活。

2. 配伍合理 使用微生态制剂时，一般不要与抗生素及其他抑菌、杀菌药物混合使用，如果病情确实需要使用这些药物，也应间隔 24 小时以上再使用。一般是先用抗菌性药物清理肠道，消除病原菌，然后再服用微生态制剂，这样就可以达到较好的使用效果。

3. 添加时机适宜、剂量充足 给刚出生的动物投喂微生态制剂，可尽快形成优势菌群，预防疾病、卫生保健的效果最好；而且剂量要够，才能充分发挥微生态制剂的作用。

五、药物预防的原则和方法

（一）预防用药原则

1. 有针对性地合理用药 ①要根据所在地区毛皮动物传染病发生与流行的规律、特点、季节等，有针对性地选择抗菌谱广、药效好、不易产生耐药、安全可靠的药物，如氧氟沙星、阿米卡星（丁胺卡那）、强力霉素、二甲胺四环素、多黏菌素 B、阿奇霉素、克林霉素、甲氧苄氨嘧啶（TMP）＋磺胺甲基异噁唑（SMZ）等进行预防，切不可盲目滥用药物。②不同药物抑制和杀灭病原体的性能不同，用药预防时应合理选药，必要时应进行药敏试验，以便使用高敏感性药物，提高预防效果。③在选择药物时，注意药物的性质。有些药物是水溶性的、有些是悬浮剂、有些则完全不溶于水只适合加入饲料中；有些药物只能在肠道中起作用（不能进入血液里），有些可进入血液中，运行到各个部位起作用；有些药物要在短时期内大量使用才有效；有些是每天食少量而要长期服用才有效。

因此，要了解药物的性质，合理选择和使用药物。

2. 剂量适当 ①不同的药物，达到预防传染病作用的有效剂量是不同的。因此，药物预防时一定要按规定的用药剂量，均匀地拌入饲料或完全溶解于饮水中，以达到药物预防的作用。用药剂量过大，造成药物的浪费，还可引起副作用。用药剂量不足，用药时间过长，不仅达不到药物预防的目的，还可能诱导细菌对药物产生耐药性。因此，要按照规定剂量用药，并定期更换药物，以防产生耐药菌株。②要考虑动物的品种、性别、年龄与个体差异等慎重用药，幼龄、老年动物及母兽对药物的敏感性比成年兽高，用药剂量应相对小些，体重小、体质弱的动物较体重大、体质强的也应适当降低用药剂量。

3. 要防止药物蓄积中毒和毒副作用　有些药物进入动物机体后排出缓慢，连续长期用药，可引起动物药物蓄积中毒，如毛皮动物患慢性肾炎，长时间使用链霉素或庆大霉素可在体内造成蓄积，引起中毒，有的药物在预防疾病的同时，也会产生一定的毒副作用。例如，长期大剂量使用喹诺酮类药物会引起动物的肝肾功能异常，在生产中应特别注意。

4. 注意配伍禁忌　2 种或 2 种以上的药物配合使用时，配伍不当药物间会发生沉淀、分解、结块等理化反应，致使药效降低，达不到预防效果或增加药物毒性，如磺胺类药物能中和抗生素类，维生素 B_1 和维生素 C 为酸性，与碱性药物配伍会分解失效，泰乐菌素、泰妙菌素与莫能菌素、盐霉素等配伍会导致后者毒性增强。

5. 预留休药期　肉用毛皮动物应要按照国家规定期限预留出充足的休药期，保证动物产品安全、卫生，无国家禁止的药物残留。

(二)预防用药的方法

1. 混饲给药法　将药物拌入饲料(如玉米面、糠麸、豆粉等)中，让毛皮动物通过采食获得药物，以达到预防疾病之目的的一种给药方法。本法的优点是省时省力，投药方便，适宜群体给药，也适宜长期给药。其缺点是如药物搅拌不匀，就有可能发生有的毛皮动物采食药物量不足，有的毛皮动物采食药物过量而发生药物中毒。混饲给药时应注意以下问题：①药物用量要准确无误。②药物与饲料要混合均匀。③饲料中不能含有对药效质量有影响的物质。④饲喂前要把食槽清洗干净，并在规定的时间内喂完。

2. 混水给药法 将药物加入饮水(或肉汤、牛奶、蜂蜜)中，让毛皮动物通过饮水获得药物，以达到预防传染病之目的的一种给药方法。这种方法的优点是省时、省力，方便实用，适用于群体给药。其缺点是由于毛皮动物饮水时往往要损失一部分水，用药量要大一点。另外，由于毛皮动物个体之间饮水量不同，每只毛皮动物获得的药量可能存在差异。混水给药时应注意以下问题：①使用的药物必须能溶解于水中。②要有充足的饮水槽或饮水器，保证每只毛皮动物在规定的时间内都能喝到足量的水。③饮水槽和饮水器一定要清洗干净。④饮用水要清洁卫生，水中不能含有对药物质量有影响的物质。⑤药物使用的浓度要准确无误。⑥药物饮水之前要停水一定时间，夏天停水1～2小时，冬天停水3～4小时，然后让毛皮动物饮用含有药物的水，这样可使毛皮动物在较短的时间饮到足量的水，以获得足量的药物。⑦药物饮水要按规定的时间饮完，超过规定时间药效就会下降，失去预防作用。

(三)实施药物预防应注意的问题

第一，注意鉴别真假兽药。养殖场用于防治毛皮动物疾病的各种兽药、生物制品、药物添加剂及微生态制剂等一定要从国家批准的生产厂家购买，并认定其批准文号、生产许可证、生产日期、质量标准、保存期等，严禁购买无证的假劣兽药，以免贻误疫病的防治，造成重大的经济损失。

第二，投放药量剂量要足，给药方法要准，混料搅拌要匀，混水溶解要完全，用药时间一般为7～15天。

第三，每次进行药物预防时，对使用的药物名称、剂量、方法及用药时间要详细记录，以便及时观察，随时处理可能出现的问题。

第四，使用新兽药一定要看准是否经过主管部门审核批准生产，是否经过专业部门的鉴定，并要求厂家提供研究生产的有关技术资料，否则不可盲目使用。使用时应先小群试验，认真观察其防治效果，然后决定是否全群使用。

六、毛皮动物常见细菌病的药物预防

（一）毛皮动物几种常见细菌病的预防用药

1. 细菌性肠炎　主要由大肠杆菌、沙门氏杆菌等细菌引起，二者均为革兰氏阴性菌。常用药物有氟哌酸、磺胺类药物（如磺胺脒、复方新诺明等）、环丙沙星、恩诺沙星、庆大霉素、土霉素等。

2. 水貂出血性肺炎和狐狸化脓性子宫内膜炎　是由绿脓杆菌感染引起，为革兰氏阴性菌。可用庆大霉素、多黏菌素、新霉素等。

3. 巴氏杆菌病　该病由多杀性巴氏杆菌引起的水貂、狐狸、貉等毛皮动物急性、败血性传染病，病原为革兰氏阴性菌。常用药物如青、链霉素、卡那霉素、复方新诺明、土霉素等。

4. 阴道加德纳氏菌病　多为革兰氏阳性菌。常用药物如庆大霉素、红霉素、氨苄青霉素等。

5. 附红细胞体病　常用四环素类、伊维菌素、贝尼尔等。

6. 链球菌病　为革兰氏阳性菌。常用药物如青霉素、磺胺类药物等。

(二)毛皮动物常用抗菌药的剂量

1. 复方新诺明

(1)作用　对溶血性链球菌、脑膜炎球菌、肺炎球菌、葡萄球菌有抑制作用。用于呼吸道、泌尿生殖系统感染。

(2)用法　口服或拌料喂(不可与含硫物质混用)。

(3)用量　水貂、麝鼠1次0.2～0.3克;狐、貉1次0.5～0.7克。

2. 磺胺嘧啶　作用、用法、用量等同复方新诺明。多用于脑感染及全身感染。

3. 磺胺-6-甲氧嘧啶　作用、用量、用法同复方新诺明。为广谱抑菌、抗菌药。

4. 磺胺脒

(1)作用　多用于消化道疾病。

(2)用法　同复方新诺明。

(3)用量　水貂、麝鼠1次0.3～0.5克;狐、貉1次0.5～1克。

5. 青霉素G

(1)作用　主要对革兰氏阳性菌有抑制作用。

(2)用法与用量　肌内注射。水貂、麝鼠1次10万～20万单位;狐、貉1次20万～40万单位。

6. 链霉素

(1)作用　主要对革兰氏阴性菌,特别是对结核病菌有抑制效用。

(2)用法与用量　水貂、麝鼠1次10万～15万单位;狐、貉1次15万～30万单位。

7. 庆大霉素

(1)作用　广谱抗生素。对绿脓杆菌、大肠杆菌尤为有效。适于烧伤、创伤及泌尿、消化、呼吸系统感染。

(2)用法与用量 肌内注射。水貂、麝鼠 1 次 4 万～8 万单位;狐、貉 1 次 10 万～15 万单位。

8. 卡那霉素注射液

(1)作用 广谱抗生素。对大肠杆菌、巴氏杆菌、沙门氏菌作用强。适于革兰氏阴性杆菌引起的尿道、胆管、呼吸道感染及结核病。

(2)用法与用量 肌内注射。水貂、麝鼠 1 次 0.5～1 毫升;狐、貉 1 次 1～1.5 毫升。

9. 新霉素

(1)作用 适用于大肠杆菌病、绿脓杆菌病。

(2)用法与用量 内服。水貂、麝鼠 1 次 5 万～10 万单位;狐、貉 1 次 10 万～20 万单位。

10. 土霉素、四环素

(1)作用 广谱抗生素。对革兰氏阴性菌和阳性菌均有抑制作用。

(2)用法与用量 口服。水貂、麝鼠 1 次 0.25～0.3 克;狐、貉 1 次 0.3～0.5 克。

11. 盐酸金霉素粉

(1)作用 大群拌食,预防肠炎效果好。

(2)用法与用量 水貂、麝鼠 1 次 10～15 毫克;狐、貉 1 次 15～20 毫克。

12. 红霉素

(1)作用 主要对革兰氏阳性菌敏感。

(2)用法与用量 口服。水貂、麝鼠 1 次 0.25～0.5 克;狐、貉 1 次 0.5～0.8 克。

思考题

1. 常用的抗菌药有哪几种?
2. 药物保存应注意哪些事项?
3. 动物微生态制剂有什么特点?
4. 药物预防的原则有哪些?
5. 预防用药的给药方法有哪几种?

第五章 毛皮动物防疫员需掌握的治疗技术

一、毛皮动物的捕捉与保定

(一)貂的捕捉与保定

貂在室外时,可用网捕捉。水貂在笼内时,可采用串笼(图 5-1)捕捉,也可先将水貂赶出小室,而后用一手戴棉手套以稳准手法迅速扣住貂的颈部并捏紧,另一手握住尾部,双手紧捏并向相反方向牵引(图 5-2)。根据诊疗需要,将腹部、胸部或背部朝向术者。

图 5-1 串笼(刘治西等)

图 5-2 徒手保定(刘治西等)

(二)貉的捕捉与保定

貉体肥笨拙,活动不灵,捕捉时先用棍在头前做欲打之势以分散其注意力,而后迅速抓住尾巴或后肢并提起。保定时,可蹲于貉体一侧,一手环抱貉头颈部,另一手绕至臀后并用手抓住外侧后肢或膝前皮肤,牢牢固定即可;还可使用保定架保定(图 5-3)。为防止咬伤,可用布带捆绑其嘴巴或用一个铁环、塑料环套住嘴巴后系于耳后(图 5-4)。

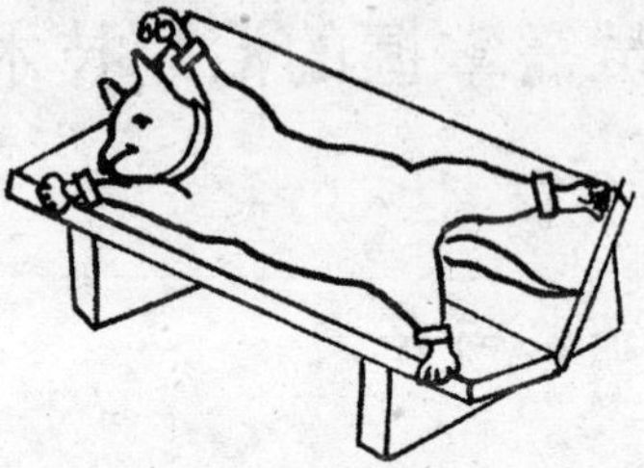

图 5-3　保定架保定
（刘治西等）

图 5-4　布带捆嘴保定
（刘治西等）

(三)狐的捕捉与保定

狐野性大,狡猾灵活,牙齿锐利,捕捉时要特别小心,通常用器械捕捉比较安全。常用颈钳(图 5-5)夹住颈部,然后,迅速接近实施保定。保定方法同貉。

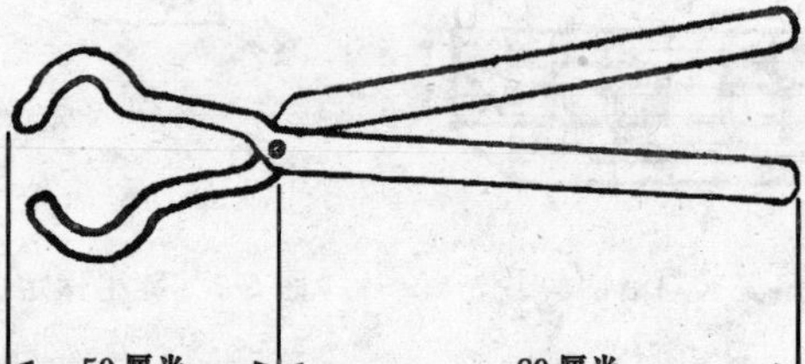

图 5-5　颈钳　（刘治西等）

二、毛皮动物疾病的基本诊断方法

常用诊断方法有问诊、视诊、听诊、叩诊、触诊和嗅诊 6 种基本检查法。方法简便、易行,对任何动物、在任何场所均可实施。每一种方法各有其特点，对不同种毛皮动物的适用程度也不尽相同，反映出的结果也各不相同。有时仅凭这些方法是不够的，需要将病死动物送到有条件的实验室中做病理学检查、病原学检查、血清学检查。下面介绍常用诊断方法。

（一）问　诊

问诊主要是通过向饲养场有关人员了解动物的发病情况，其内容包括病史和既往史以及饲养管理情况等。

1. 病　史

第一，了解发病时间，包括最初发病的时间，患病动物最早死亡的时间，死亡出现高峰以及高峰持续的时间，以及各种时间之间的关系等。了解发病空间分布，最初发病的地点，随后蔓延的情况，目前疫情的分布及蔓延趋势等。了解受害动物群体的背景及现状资料，疫区内各种动物的数量和分布，发病和受威胁动物的种类、品种、数量、年龄、性别等，以推测疾病为急性或慢性，以及疾病的经过和发展变化情况等。

第二，了解动物发病的主要表现，如精神、食欲、呼吸、排粪、排尿、运动以及其他异常行为表现等，对患腹泻的应进一步了解每天腹泻次数、量、性质（是否含黏液、水样、血样、臭味等），对呕吐的应了解呕吐的量、性状、与采食后在时间上的相关性等，借以推断疾病的性质及发生部位。

第三，发病后是否治疗过，效果如何。

2. 既往史　询问了解以前患过哪些病，是怎样治疗的，该群动物是如何免疫的；邻近饲养场有无类似情况发生等，以了解是否是旧病复发、传染病或中毒性疾病等。

3. 饲养管理情况　了解饲养管理情况如何，包括动物来源，若是引进的则要问清楚是何时何地引进的；饲料的种类、来源、品种、质量、贮藏等情况，日粮组成、饲料单变化时间，变更前后动物群体食欲变化，饲料加工情况等。卫生消毒措施、驱虫情况等，有利于推断疾病种类。

(二)视　诊

视诊是用肉眼直接观察动物群体以及发病动物的整体情况或某些局部症状的方法。就群体而言，应巡视全群，要注意圈舍环境条件和卫生状况，动物群体精神状态、营养状况、采食情况等。通过群体视诊，检出病重者，进行个体检查。就个体视诊而言，主要通过眼观，看有无异常表现，如精神状态，眼睛的灵活性，被毛的完整性和光泽度，鼻镜和眼的干湿度，口腔黏膜、眼结膜的颜色，鼻液的量与性状，阴道黏膜的颜色及其分泌物性状，采食情况，粪便的变化，饮水量多少，呼吸表现，有没有咳嗽，头、颈、躯干、四肢和尾有无异常变化。视诊时光线要好，一般先观察静态，后观察动态。

(三)触　诊

触诊是在问诊、视诊的基础上进行，以补充视诊时所不能观察到的变化。触诊是借助于手的感觉，来判断器官、组织的物理特性。如位置、大小、轮廓、表面光滑度、温度、湿度、活动性、弹性、敏感性及其与周围组织的关系。这些检查项目靠视诊是不能办到的，所以触诊是不可忽视的项目之一。临床上主要用于皮肤及皮肤上的肿胀物、胃肠内容物性状和脉搏或心搏动的检查；对诊断水貂黄脂肪病、脓肿、膀胱结石等疾病具有重要意义。

1. 触诊的方法　一般用一手或双手的掌指关节或指关节进行触诊。触摸深层器官时，使用指端触诊。触诊的原则是面积由大到小，用力先轻后重，顺序从浅入深，敏感部从外周开始，逐渐至中心痛点。

2. 触诊所感觉到的病变性质　主要有波动感、捏粉样、捻发音、坚实及硬固等。

(1)波动感　柔软而有弹性,指压不留痕,间歇压迫时有波动感,见于组织间有液体潴留,且组织周围弹力减退时,如血肿、脓肿及淋巴外渗等。

(2)捏粉样感觉　稍柔软,指压留痕,如面团样,除去压迫后缓慢平复,见于组织间发生浆液性浸润时,多表现为水肿。

(3)捻发音感觉　柔软稍有弹性及有气体向邻近组织流窜,同时可听到捻发音,见于组织间有气体积聚时,如皮下气肿、恶性水肿等。

(4)坚实感觉　坚实致密而有弹性,像触压肝脏一样,见于组织间发生细胞浸润或结缔组织增生时,如蜂窝织炎、肿瘤、肠套叠等。

(5)硬固感觉　组织坚硬如骨,见于异物、硬粪块等。

(四)叩　诊

叩诊指根据叩打动物体表所产生的音响性质来推断内部器官的病理状态。叩诊简单的方法可采用指指叩诊法,即将左(右)手指紧贴于被叩击部位,另以屈曲的右(左)手的中指进行叩击。也可用槌板叩诊法。叩诊音可分为清音、浊音及鼓音等。正常肺部的叩诊音为清音,叩诊厚层肌肉的声音为浊音,叩诊胀气的腹部常为鼓音。

对貂、狐、貉来说,常用指叩诊法进行叩诊,依据叩击发出音响的特性来判断该器官的物理状态,以确定是否患病。叩诊适合于检查胸腹腔、副鼻窦、胃肠等空腔器官。如胃肠胀气可产生鼓音,肋骨骨折、骨膜炎等叩击时有疼痛反应,动物表现躲避、不安等。

(五)听　诊

听诊指用听诊器听取体内深部器官发出的音响,推测其有无异常的方法。听诊时,由于动物的被毛与听诊器之间的摩擦音或由于外部各种杂音的影响,往往妨碍听诊。因此,听诊必须全神贯注,正确识别发音的性质,并将其病性与生理状态进行比较。听诊主要应用于了解心脏、呼吸器官、胃肠运动的功能变化以及胎音等。

(六)嗅　诊

嗅诊指通过诊断者的嗅觉,嗅闻来辨别动物呼出气体、分泌物、排泄物及病理产物的气味。

三、毛皮动物疾病的一般检查

对患病动物在问诊的基础上,常需要先进行一般的检查,借以了解动物的体况,为系统检查提供方向和重点。一般检查通常包括全身状态、被毛和皮肤、可视黏膜、淋巴结、体温、脉搏及呼吸数的检查。

(一)全身状态的检查

1. 精神状态　是指中枢神经系统活动的反映。健康动物表现灵活,反应敏锐,眼睛明亮,幼龄动物活泼好动。精神异常时,则表现为抑制(沉郁、嗜睡或昏迷)或过度兴奋(狂躁不安、惊恐、乱咬、嚎叫等)。

2. 营养状况　代表机体内物质代谢的水平,健康动物营养良好,肌肉丰满,骨不显露,被毛平顺而有光泽,皮肤有弹性。个体消瘦,骨骼明显外露,被毛粗乱无光,皮肤弹性降低,则为营养不良。

3. 体格发育　健康动物的骨骼及肌肉发育程度良好,与年龄和品种相称。体格发育与年龄品种不相称,或头颈、躯干及四肢各部的比例不当,则为发育不良。

4. 姿势　健康动物姿势自然，动作灵活而协调。当中枢神经系统功能紊乱或四肢受损伤时，常表现站立不稳、共济失调、瘫痪或异常姿势。

5. 运动　健康动物运动自如、协调。当骨骼、关节、肌肉损伤时，则表现跛行、运动障碍。

6. 行为　当动物发生异常叫声、摇头、食欲异常增加或减少、多饮多尿、摩擦臀部等表现时，根据其行为的变化，可判断病变的系统与器官，以便有重点地详细检查。

(二)被毛和皮肤检查

1. 被毛状态与脱毛　饲养管理良好的动物被毛平顺，富有光泽，不易脱落。长期患病或营养障碍时，往往被毛粗乱而无光泽或外观不洁。当换毛季节以外脱毛或局部脱毛时，则为皮肤病；激素分泌紊乱引起的皮肤病呈对称性脱毛；圆形脱毛为真菌性皮肤病。

2. 皮肤温度与湿度　健康动物的鼻端一般清凉湿润，但睡眠时鼻端干燥。鼻端、耳根、股内侧发热时，体温多升高。局部皮温增高，常见于局部炎症。

3. 发疹　发疹是皮肤病的表现。根据发疹的性质可分为水疱、脓疱、溃疡、糜烂、脱屑、痂皮、瘢痕等不同时期。根据其病变的性质不同，可采取不同的治疗方法。

4. 皮肤肿胀　皮肤肿胀常见的有水肿、气肿、血肿、脓肿、炎性肿胀及肿瘤等。通过触诊可以区别。

(1)水肿　指由于水代谢障碍而引起多量液体蓄积于组织中所致。皮下水肿旧称浮肿。触诊呈捏粉样，指压留痕，常见于慢性心力衰竭及肾脏疾病等。

(2)气肿　指含气器官破裂后，气体沿纵膈及食管周围窜入皮下组织，或气体由伤口窜入，也可由局部组织腐败产气。前者缺乏炎症变化，功能无障碍；后者见于恶性水肿、气肿疽。触诊呈捻发音，边缘轮廓不清，常见于肘后、肩胛、胸侧等处。

(3)血肿　指血管破裂，溢出的血液分离周围组织，形成充满血液的腔洞；最初其肿胀有明显的波动且有弹性，以后则坚实，并有捻发音，肿胀中间有波动，局部增温。

(4)脓肿　指局部组织感染化脓，脓汁积聚肿胀。开始局部热痛，触之坚实，以后脓肿成熟，触诊有明显的波动感，穿刺抽取内容物可进一步区分。

(5)炎性肿胀　常伴有红、肿、热、痛等特征，见于感染创伤等。此外，通过触诊可查明外伤以及有无胸部皮肌震颤，后者提示有心脏疾病。

(三)可视黏膜的检查

临床上主要检查眼结膜。方法是用两手的拇指打开上下眼睑进行检查。眼结膜的颜色可反映全身血液循环状态和血液化学成分。常见的病理变化有潮红、苍白、黄染和发绀等。

1. 潮红　潮红是眼结膜病理性充血，可分浅表性和深层性充血两种。前者是典型的眼外部受到异物刺激、细菌感染或过敏性反应的表现；后者则是角膜或眼内部病变特征。

2. 苍白　苍白是眼结膜色淡，甚至呈灰白色，见于各种类型贫血、大失血或慢性消耗性疾病。后者多为慢性营养不良、衰竭症、慢性消耗性疾病或寄生虫病。

3. 黄染　黄染是指眼结膜呈不同程度的黄色，为胆色素代谢障碍，血液内胆色素增多的结果，见于溶血和肝实质病变。

4. 发绀　发绀是指眼结膜呈蓝紫色，是由于血中还原血红蛋白增多或形成大量变性血红蛋白的结果。多见于肺换气不良和动脉血缺氧时的心、肺疾病或某些中毒病。

在检查眼结膜时，还应注意眼睑分泌物、眼球、角膜、巩膜及瞳孔的变化。眼分泌黏稠脓性分泌物，见于感冒、犬瘟热、恶病质等。角膜混浊，见于犬传染性肝炎和角膜实质性炎症。同时，要注意有无眼虫。

(四)体表淋巴结的检查

体表淋巴结检查时应注意的淋巴结主要有颌下淋巴结、颈浅淋巴结、腋下淋巴结、腹股沟淋巴结和膝窝淋巴结等。常用触诊的方法检查其大小、形状、硬度、表面状态、敏感性及可动性。

急性的淋巴结肿胀时，通常其呈明显的肿大，表面光滑，且伴有明显的热、痛、红；慢性的淋巴结肿胀，一般呈硬结肿胀，表面不平，无热痛反应，且多与周围组织粘连固着而难以移动。淋巴结的急、慢性肿胀提示淋巴结的周围组织或器官的急、慢性感染及炎症。

四、体温、脉搏及呼吸的测定

(一)体温的测定

体温是判断动物机体状况非常重要的一个生理指标，测定患病动物的体温是临床检查不可缺少的一个环节。健康动物的体温是相当恒定的，日差不超过1℃。体温的恒定有赖于机体产热(化学过程)与散热(物理方式)之间的平衡，靠体温中枢来调节。气候、采食、饮水、运动、年龄、性别等因素，对体温均有影响，需要在测温时注意。在生理条件下，早上(1～5 时)体温最低，午后(16～18 时)最高。测温方法有触摸检查法、体温计测温法和点温计测温法。

1. 触摸检查法　是最方便的检查方法，但准确性较差，特别在发热初期更难判定。该法以手背触摸耳根、皮肤，但以腋下、胯下部位为最佳。这种方法只能大体判定体温是正常、变冷或是升高。

2. 体温计测温法 是采用体温计测量直肠内温度的方法，是临床上最常用的方法。测温时，先将体温计的水银柱甩到最低刻度以下，用酒精棉球擦拭消毒并涂以润滑剂后，将动物尾根稍上举，将体温计缓慢地插入肛门内，体温计后端系一小夹子，把夹子固定在动物背部毛上，以防体温计脱落。停留3～5分钟后才能取出，擦净后读取度数。因肛门松弛、体温计插入粪便内，都将影响测量结果，应特别注意。各种正常动物的体温数见表5-1。

表5-1 正常动物的体温 （℃）

动物种类	变动范围
貂	39.5～40.5
貉	37.1～39.1
北极狐/银黑狐	39.7～40.7/38.7～40.7

3. 点温计测温法 是用点温计测量皮肤温度的方法。点温计使用极为方便，开机后将探头接触某部干净皮肤，就能在表上显示出度数。但是，皮肤温度不能代表体温，一般应校正后才为体温读数，多数是加0.5℃。

体温升高见于多数传染病、炎症及日射病和热射病等；体温降低主要见于重度衰竭、濒死期等。

（二）脉搏的检查

脉搏或心搏动次数也是判断动物机体状况非常重要的生理指标。脉搏检查，貂、狐、貉一般在后肢股内侧的股动脉处进行。检查时，要注意脉数、脉性和脉搏的节律。心搏动的检查，在肘后左胸壁处触摸。各种正常动物的脉搏（心跳）次数见表5-2。

表 5-2　正常动物的脉搏(心跳)次数　(单位:次/分)

动物种类	变动范围
貂	90～180
貉	90～130
北极狐/银黑狐	90～130

脉搏数增多见于各种发热性疾病、心脏疾病、贫血及疼痛等;脉搏数减少见于颅内压增高的疾病(脑积水等)、药物中毒、心脏传导阻滞、窦性心动过缓等。

(三)呼吸率测定

动物的呼吸次数是判断动物机体状况非常重要的生理指标,可通过观察胸壁或腹壁的起伏动作、呼出的气流来测出;另外,可用手背感知呼出气流或用听诊器在喉、气管和肺部听取。各种正常动物的呼吸次数见表 5-3。

表 5-3　正常动物的呼吸次数　(单位:次/分)

动物种类	变动范围
貂	40～70
貉	18～48
北极狐/银黑狐	18～48/14～30

呼吸数测定一般根据胸、腹部的起伏动作而测定,胸壁的一起一伏为 1 次呼吸。寒冷季节也可观察呼出气流或将手背放在鼻孔前感觉呼出的气流来测定。

呼吸数增多,见于发热性疾病、肺部疾病、脑炎及破伤风等;呼吸数减少,见于某些脑病、狂犬病末期等。

五、毛皮动物疾病的系统检查

(一)呼吸系统的检查

1. 呼吸运动检查 通过检查呼吸次数、呼吸方式、呼吸节律性、是否有呼吸困难来判断动物有无异常。

2. 上呼吸道检查

(1)鼻及鼻液检查 健康动物的鼻端经常保持湿润状态。在持续发热和代谢紊乱时,鼻端干燥,有热感,甚至发生龟裂。根据病症和疾病阶段的不同,可能出现浆液性鼻液、黏液性鼻液或者脓性鼻液。

(2)咳嗽检查 干咳可见于喉炎和支气管炎的初期;湿咳常见于咽喉炎,支气管炎及肺炎。异物进入上呼吸道或异物性肺炎时,常呈痉挛性咳嗽。

(3)喉及气管检查 用手指触诊喉部,以确定有无肿胀、疼痛、增温。气管触诊敏感,并伴有咳嗽,多是支气管炎的表现。

(二)消化系统的检查

1. 饮食欲检查

(1)食欲检查 可通过观察动物对食物的要求欲望和采食量来加以判断。食欲减退,可见于各种热性病、代谢病、各种胃肠病等。食欲亢进,可见于重病恢复期、肠道寄生虫病、甲状腺功能亢进、糖尿病及慢性消化道疾病。异嗜,可见于营养缺乏病、代谢病、慢性胃肠道疾病、肠道寄生虫病等。

(2)饮欲检查 检查方法与食欲检查相同。饮欲的病理改变主要有:饮欲增强,可见于发热性疾病、腹泻、呕吐、糖尿病等;饮欲减退,可见于伴有呕吐和腹泻的胃肠疾病,以及中枢神经功能紊乱性疾病。

2. 采食、咀嚼和吞咽状态检查

(1)采食障碍　表现为采食不灵活或不能采食。见于唇、舌、齿龈疼痛性疾病，如口炎、舌炎、牙龈炎、咽喉炎等。

(2)咀嚼障碍　表现为咀嚼缓慢或咀嚼疼痛。在咀嚼中突然张口，见于口炎、牙齿疾病及下颌关节疼痛性疾病。

(3)吞咽障碍　吞咽时，摇头、伸颈、咳嗽，或由鼻孔逆流食物和饮水，见于咽炎、咽麻痹、咽异物、咽肿瘤等。

(4)咽下障碍　吞咽后不久，呈现伸颈、摇头，然后两鼻孔逆流混有唾液的食物，见于食管阻塞、食管炎、食管痉挛及食管狭窄等。

3. 呕吐检查　呕吐是指胃内容物不自主地经口排出，呕吐检查时，应注意呕吐出现的时间、次数、状态，呕吐物的数量、气味和混合物等。

4. 口腔、咽及食管检查

(1)口腔检查　检查口唇的外形、口腔黏膜颜色、口腔温度、口腔湿度；口腔是否过分湿润，甚至流涎；舌苔的厚薄、颜色等变化；口腔内有无气味甚至酸臭味；齿龈有无肿胀、出血等。

(2)咽的检查　检查时，可用一手的拇指、食指及中指分别在咽部的两侧进行触压。咽炎时，触压咽部，动物表现为缩头抗拒，并发吞咽动作，或连声咳嗽。咽麻痹时，触压咽部，动物不出现吞咽动作。

(3)食管检查　通过食管触诊和食管探诊来进行。食管阻塞时，可触摸到硬固的物体。食管炎时，触诊有疼痛反应。

5. 腹部检查

(1)腹部视诊　主要观察腹部外形轮廓的变化。腹围膨大，除雌性动物妊娠后期及饱食等生理情况外，可见于急性胃扩张、腹水、肠便秘等。腹围缩小，见于慢性消化道疾病、寄生虫病及营养不良等。

(2)腹部触诊　双手缓慢用力感觉腹壁及腹腔脏器的状态。腹部触诊,往往可以确定胃、肠充盈度、脏器炎症、器官大小的变化、器官变位、较大的异物等变化。

(3)腹部听诊　主要检查肠蠕动音。

(4)排粪检查　观察粪便的物理性状,表面有无黏液、假膜,粪中有无血液及其颜色和数量等。

(三)泌尿及生殖系统的检查

1. 泌尿系统的检查　包括排尿状态和泌尿器官的检查。

2. 生殖系统的检查

(1)雄性生殖器官检查　首先检查外生殖器官,如阴囊、睾丸、阴茎等。阴囊壁增厚,易增加阴囊内温度,使睾丸发生蜕变。检查精索有无精索静脉曲张、睾丸大小、硬度是否一致、对称,有无隐睾。正常睾丸应硬而有弹性,如其变小质软,表明睾丸蜕变或发育异常。如其坚实,可能发生睾丸炎症、纤维变性或肿瘤。附睾位于睾丸背侧。有无先天性附睾发育不全,或因上行感染、布鲁氏菌病发生附睾纤维变性。观察阴茎和包皮鞘有无先天性畸形、包茎、龟头包皮炎等。

(2)雌性动物生殖器官检查　主要检查阴户和阴道。正常阴户小而有皱纹,有弹性,无分泌物。观察阴道黏膜有无损伤、异物增生及其分泌物性质。正常阴道黏膜粉红色,条状皱褶。发情时,其黏膜充血、水肿,皱褶更明显,且阴户肿胀、有无气味、血色或黏性分泌物。

在其他时候如有分泌物,尤其有恶臭味,提示局部感染、肿瘤,或内部疾病(子宫蓄脓)。子宫检查可通过腹壁触摸,了解其有无胎儿和子宫积液,但确诊需通过B超或X线检查。

六、毛皮动物疾病的给药方法

(一)注射给药

注射是防治动物疾病常用的给药技术。将药物直接注入小动物体内,能很快产生药效。皮下、肌内、静脉注射,是临床最常用的方法。个别情况下还可进行皮内、胸腹腔、心脏、气管内及眼球结膜等部位注射。

1. 皮内注射法　皮内注射是指将药物直接注入皮内,适用于药物敏感试验和变态反应的诊断。常用小注射器和短针头注射。注射部位,一般选择在肩胛部、颈侧中部上1/3处,注射时,对动物施以安全保定,注射部位剪毛、消毒。左手绷紧皮肤,右手持注射器将针头对着皮肤,使针头斜面朝上,注射器与动物皮肤呈30°角,轻轻刺入皮肤至针尖斜面进入皮内(约0.5厘米),推动针栓注入规定的药液。此时切忌按压注射部位。注射后,根据不同的注射目的,按照规定的时间观察局部反应。

2. 皮下注射法　皮下注射是指将药液注入皮下结缔组织内。常用于刺激性较小的注射液及疫(菌)苗、血清等。皮下注射部位以选择皮肤疏松、皮下组织丰富而又无大血管处为宜。一般在肩胛、腹侧或后肢内侧进行。动物保定好后,注射部位先用碘酊棉球消毒,再用酒精棉球脱碘消毒,用左手拇指和食指将皮肤捏起,使之形成皱褶,右手持注射器,在皱褶底部稍斜向把针头刺入皮肤与肌肉之间,将药液推入。拔出针头,用酒精棉球轻轻按压针眼片刻,促使药液散开。药液多时可分点注射。注完后拔出针头,局部涂以碘酊。

3. 肌内注射法　肌内注射是临床上常用的给药方法。适用于药量小、刺激性较小、吸收较难的药剂,如水剂、乳剂、油剂青霉素等均可。但刺激性较强的药物如氯化钙、高渗盐水等,不能进行肌内注射。有些疫(菌)苗也可肌内注射接种。通常用玻璃注射器或1次性注射器,注射部位多选择在肌肉丰满而且避开大血管及无大神经干通过的部位。注射时,对动物进行站立保定,局部剪毛、消毒,以左手拇指和食指将注射部皮肤绷紧,右手持注射器迅速将针头垂直刺入2～3厘米。然后左手固定针管,右手回抽针栓无回血时注入药液,注毕拔出针头,局部涂以碘酊。注射时应特别注意勿伤及坐骨神经,以免造成后肢一定程度的麻痹。

4. 静脉注射法 静脉注射是指将药液直接注入静脉血管内,随血液分布全身,可迅速发挥药效。主要用于大量补液、补钙、输血及注入急救强心等药物或刺激性较强的药物。少量注射时可选用50～100毫升注射器;大量输液时可用输液瓶。注射部位一般选择前臂头静脉、后肢小腿外侧隐静脉。注射时,对动物施以侧卧保定,局部剪毛、消毒。以止血带绑扎注射部位的近心端,或让助手用手指帮助固定,使其静脉怒张。注射前应排净气泡,左手固定注射部下端,右手持注射器,沿静脉管使针头或头皮针与皮肤呈15°～20°角刺入皮肤和血管内,轻轻回抽针栓,如见回血,再将针头沿血管稍向前伸入,然后解除止血带或助手松开压紧的手,顺针后,固定好针头,适当控制推进速度或调整滴入速度(以防增加心脏负担)。注射完毕,左手用酒精棉球压迫针孔,右手快速拔出针头。为了防止针孔溢血或皮下形成血肿,继续压迫局部片刻,最后涂以碘酊。输液中应注意观察小动物有无异常,如有异常,应停止输液。漏出血管的药液若刺激性强或带有腐蚀性,则应向周围组织注入生理盐水加以稀释。如系氯化钙注射液可注入10%硫酸钠,使其变为硫酸钙和氯化钠,局部温敷,以促吸收。

貂、狐、貉通常极少采用此法。静脉注射一定要严格消毒。

5. 腹腔注射法 腹腔注射是指将药液直接注入腹膜腔。适用于动物小静脉注射困难或直接治疗腹腔器官疾病时。药物注射前应加温至37℃～38℃，防止冷液刺激过大而引起腹腔器官痉挛。该方法用于一切需补液抢救的貂、狐、貉的疾病。操作简便，安全可靠，疗效显著。注射部位选择在耻骨前缘2～5厘米腹白线的两侧。以避开肝、肾、脾脏等实质性器官。注射时，助手将病貂、狐、貉仰卧保定。注射部位剪毛、消毒后，用16～18号针头，左手固定注射部位，右手持注射器将针头垂直刺入腹膜腔2～3厘米。当针头穿过腹膜后，其阻力降低并有落空感。针头不出现气泡、无血液和胃肠内容物溢出，即可连接注射器或输液胶管接头，进行输液。注入药液应缓慢，速度为每分钟20毫升，以防意外。注射完毕拔出针头，局部涂以碘酊。

6. 气管内注射法 气管内注射是指将药液直接注入气管内。适用于治疗气管、肺部疾病和肺部驱虫等。注射部位在颈腹侧上1/3下界的正中线上，于4、5气管环间。注射时，将动物仰卧保定，局部剪毛、消毒，左手固定注射部位，右手持注射器使针头与皮肤垂直刺入1～1.5厘米，刺入气管后感觉阻力消失，回抽有气体，然后慢慢注入适量药液。注射完毕，拔出针头，局部涂以碘酊。

7. 心内注射法 心内注射是指将药物直接注入心内。适用于急救，特别是在小动物生命垂危给予药物的一种方法。注射部位在左侧3、4肋间，肩关节水平线之下。注射时，对动物进行右侧卧保定，局部剪毛、消毒。左手固定注射部位，右手持注射器使针头与皮肤垂直刺入6～8厘米，此时能感觉心脏的跳动，回抽有血液则表明刺入正确，然后将药液注入心腔。注射完毕拔出针头，局部以碘酊棉球压迫。

(二)经口投药法

口服投药法有自食法、舔食法、灌服法，当患病小动物尚有食欲和饮欲时，可将药物混入食物或溶解于饮水中，让其自采自饮。当患病小动物食欲不振，而药味又大，不宜自食时，可将药研成粉末混入矫味剂或制成舔剂，用棒或镊柄涂于动物舌根部或口腔上颚部，让其自行舔食。对于小动物拒食的可采用以下方法。

1. 片、丸剂(含胶囊)给药 将动物保定后，用开口器打开动物口腔，将片剂或丸剂送入口腔深处，让其自已吞咽或用水灌服。

2. 液体药物(水、油剂)给药

(1)简易给药 常用塑料注射器或金属注射器、金属头小药瓶给药。适用于投服少量水剂药物。粉剂或研碎的片剂加适量水调匀，以及中药煎剂等也可用此法投服。注意1次灌入量不宜过多，待药液完全咽下再重复灌入，以防误咽。

(2)胃导管给药 此法适用于投入大量水剂、油剂或可溶于水的流质药液，方法简单，安全可靠，不浪费药液。对处于兴奋状态的动物，投药前需给予镇静剂。

给药时对动物进行保定，打开口腔，选择大小适合的胃导管。投药前，用胃导管测量鼻端至8～9肋骨的距离后，并在胃导管上做好记号。胃导管前端涂以润滑剂，插入口腔后从舌面上缓缓地向咽部推进，如出现咳嗽，提示胃导管插入气管，应重新插入。当动物出现吞咽动作时，顺势将胃导管推入食管直至胃内(判定插入胃内的标志:从胃管末端吸气呈负压，动物无咳嗽表现)。然后连接漏斗或大注射器，将药液灌入。灌药完毕，除去漏斗，压扁导管末端，缓缓拔出胃导管。

3. 自食法 是一种简便的给药方法，适用于尚有食欲的患病动物，但所服药物不能有特殊异味。在饲喂前将药物制成粉末均匀混于适口性强的饲料中，让其自食。可以单独喂给，也可用于大群投药。

4. 舔食法 适于貂、狐、貉，药物异味较大，且食欲不振或拒食时，可将药物研成细末，混于肉汤、牛奶、白糖、葡萄糖粉或蜂蜜中，再加水调制成糊状，用木棒涂于患病动物的舌根或口腔上颚部，让其自行舔食。

(三)直肠投药法

直肠投药常用于动物因严重呕吐,经口投药无效时,其作用比口服快,且无副作用。

1. 水、油剂给药 给药时提起小动物两后肢,将尾拉向一侧。用12～18号橡胶导尿管经肛门插入直肠内,貂5～6厘米深,狐、貉8～10厘米深,然后用注射器向导尿管内注入药液30～100毫升,最后拔出导管,并压迫尾根片刻,以防因努责排出药液,然后松开保定。

2. 栓剂给药 适用于向肛门内插入消炎、退热、止血等各类栓剂。将动物进行站立保定,左手抬起尾,右手持栓剂插入肛门,并将栓剂缓缓推入直肠约5厘米,然后将尾放下,按压3～5分钟,待不出现努责即可。

七、毛皮动物常用治疗技术

(一)采血法

1. 静脉采血

(1)头静脉采血 将动物置于诊疗台上胸卧位保定。如果抽取右前肢的头静脉血,助手站在动物的左边,将左臂置于动物的下颌下方以固定头颈,右手托住右前肢肘部,使前肢向前伸展,并用拇指按压头静脉使其怒张。在前臂剪毛、消毒后采血。

(2)颈外静脉采血 将动物保定后,在头颈充分伸展情况下,于颈中下方颈静脉均剪毛消毒,术者一手压迫胸腔入口处的颈静脉沟,使颈静脉怒张。另一手持注射器采血。

(3)外侧隐静脉采血 侧卧保定,采血肢在上。助手一手握住后肢小腿上方。在跗关节上方外侧剪毛、消毒,可看清位于皮下怒张的静脉。但该静脉在皮下游离性大，血管短，常造成采血困难。

2. 动脉采血 如静脉采血困难或用量大(如用于输血)或需动脉血气分析、测定动脉压等，可采用动脉插管采血。常用股动脉，该动脉解剖部位浅，易触摸采集。动物镇静或浅麻醉后，侧卧保定，采血肢在下。股内侧剪毛、消毒，在股内侧股骨前上方，一手触摸股动脉，根据其搏动，确定其走向。在欲穿刺处用粗针头穿透皮肤。选用适宜粗细静脉套管针，经此皮肤穿刺孔，刺入并呈15°～30°角由下向上刺入动脉。拔除针芯，迅速接上三通开关，根据需要自三通开关收集血液或接测血压导管。

3. 心脏采血 选择左心室采血。常规剪毛、消毒，将动物右侧卧保定、麻醉。在左侧胸廓的下1/3和中1/3交界处的水平线与第五肋间隙交叉点处，用装有抗凝剂的20厘米注射器连接16号针头，垂直刺入皮肤。针尖透过皮肤后，速度应缓慢，当刺透胸膜后，注射器内维持负压。仔细地将针头朝心脏推进，当针管有血液回流时，说明针尖刺入心脏，继续进针，刺入左心室内，进行采血。

(二)导尿法

1. 雄性动物导尿法 动物侧卧保定，上后肢前方转位，暴露腹底部，助手将阴茎包皮向后退缩，使阴茎龟头露出。选择适宜导尿管，并将其前端2～3厘米涂以润滑剂。操作者(戴乳胶手套)一手固定阴茎龟头，一手持导尿管从尿道口慢慢插入尿道内或用止血钳夹持导尿管徐徐推进。导尿管通过坐骨弓尿道弯曲部时常发生困难，可用手指按压会阴部皮肤或稍退回导尿管调整其方位重新插入。一旦通过坐骨弓尿道弯曲部，导尿管易进入膀胱。尿液流出，并接20毫升注射器抽吸。抽吸完毕，注入抗生素溶液于膀胱内，拔出导尿管。

2. 雌性动物导尿法 所用器材，如人用橡胶导尿管或金属、塑料的导尿管、注射器、润滑剂、照明光源、0.1%新洁尔灭溶液、2%盐酸利多卡因注射液、收集尿液的容器等应准备好。

动物保定，先用0.1%新洁尔灭液清洗阴门，然后用2%盐酸利多卡因注射液滴入阴道黏膜进行表面麻醉。操作者戴灭菌乳胶手套，将导尿管顶端3～5厘米处涂灭菌润滑剂。一手食指伸入阴道，沿尿生殖前庭底壁向前触摸尿道结节（其后方为尿道外口），另一手持导尿管插入阴门内，在前食指的引导下，向前下方缓缓插入尿道外口直至进入膀胱内。接注射器抽吸或自动放出尿液。导尿完毕向膀胱内注入抗生素药液，然后拔出导尿管，解除保定。

（三）灌肠法

灌肠是将某些药物、钡造影剂、营养液以及水等经肛门灌入直肠内的一种方法。

1. 浅部灌肠法　是将液体等经肛门灌入直肠或结肠的方法，多用于治疗直肠或结肠的便秘。通过灌入药液使直肠、结肠鼓胀，刺激并引起其收缩，促使粪便排出。本法也常用于结肠X线对比、造影（灌入钡餐制剂）或用于直肠镜检查，也可用于治疗肝性脑病（灌注乳果糖）、食欲废绝（灌注营养剂）、狂躁不安（灌入镇静剂）和诊断某些疾病（灌氯化铵诊断肝功能）等，但这些较少用。

动物应用镇静剂，必要时应全身麻醉。保定者抓住动物两后肢稍上方提举悬垂，让动物两前肢仍自然站立，并保定好动物头部，将动物尾拉向一侧。操作者将连接注射器、吊筒或灌肠器的胶管徐徐插入肛门至直肠4～10厘米。然后一手将胶管同尾固定在一起，一手推动注射器或令助手提起吊桶或加压灌肠器将温热（40℃）液体灌入直肠内。灌注速度要慢（持续3～5分钟），否则会引起呕吐，灌注可重复进行，直至结肠粪便排空。必要时间隔1小时或24小时再灌肠。每次灌注量不宜过多，否则会引起呕吐或病情加重。每次灌注量按22毫升/千克体重为宜。灌肠后用尾根压迫肛门1～2分钟，最后解除保定。

2. 深部灌肠法 对于肠套叠或扭转、胃内异物或食入毒物等，可采用深部灌肠，即将大量药液经肛门灌入前部肠管和胃内。但该方法危险性较大，临床上应慎用（易造成异物性肺炎或严重虚脱）。

可按浅部灌肠法保定。将药液加温至38℃～39℃，可灌入肥皂水、0.1%高锰酸钾溶液或生理盐水等。将溶液盛入灌肠器或吊桶内，助手将动物尾巴拉向一侧。操作者将灌肠器或吊桶上的胶管缓慢插入肛门内并轻轻向直肠内推进。加压灌肠器或高举吊桶，先灌入少量液体软化肛门内和直肠内积粪，待排净积粪后再灌入大量药液，直至动物从口中流出灌入的药液为止。

（四）洗胃法

当动物误食毒物或有毒成分后，为促进毒物的排出，可采取洗胃法。

该方法基本同胃导管投药。洗胃前先对动物进行镇静或麻醉，然后做气管内插管，以防止动物误咽。保定时应使动物头、胸部稍低些，但不能因腹腔内脏器官重力前移压迫膈肌影响呼吸。用开口器打开口腔，再用适宜的胃导管缓慢插入，直至胃内。洗胃可用温水、生理盐水或温水加吸附剂（如活性炭），如毒物已清楚，可适当加解毒剂，以提高洗胃效果。灌洗液量每次控制在5～10毫升/千克体重，然后再放出或抽出灌洗液，可反复灌洗10～15次，直至灌洗液变清。因灌注次数多，量大，故洗胃时特别要注意动物的呼吸状态，防止发生异物性肺炎。

（五）穿刺术

1. 腹腔穿刺术 腹腔穿刺是指手术穿透腹壁，排出腹腔液体。多用于腹水症，减轻腹内压；也可通过穿刺，确定其穿刺液性质(渗出液或漏出液),进行细胞学和细菌学诊断,以及腹腔输液和腹腔麻醉等。

(1)穿刺部位　在耻骨前缘腹白线一侧 2～4 厘米处。

(2)穿刺方法　动物侧卧保定,术部剪毛消毒,先用 0.5%盐酸利多卡因注射液局部浸润麻醉,再用套管针或 14 号针头垂直刺入腹壁,深度 2～3 厘米。如有腹水经针头流出,使动物站起,以利于液体排出或抽吸。术毕,拔下针头,以碘酊消毒。

2. 胸腔穿刺术　胸腔穿刺是指从胸腔抽吸积液或气体。用于排出胸腔积液、观察积液性质、进行细胞学检查和细菌培养、冲洗胸腔或注入药物等。

(1)穿刺部位　病侧肩端水平线与 4～7 肋间隙交点。若胸腔积液,其穿刺点在 4～7 肋间下 1/3 处;气胸者,则在其上 1/3。

(2)穿刺方法　术部剪毛、消毒,用 0.5%盐酸利多卡因注射液局部浸润麻醉。动物站立保定为宜,也可侧卧保定。根据胸部 X 线检查结果(是胸腔积液还是气胸),确定其穿刺点。选 12～14 号注射针头,其针座接一个 6～8 厘米长胶管,后者再与带有三通开关的注射器(20 毫升)连接。通常针头在欲穿刺点后一肋间穿透皮肤,沿皮下向前斜刺至穿刺点肋间。再垂直穿透胸壁。一旦进入胸腔,阻力突然减少,停止推进,并用止血钳在皮肤上将针头钳住,以防针头刺入过深损伤肺脏。然后,打开三通开关,抽吸胸腔积液或气体。

如胸腔积液很多,可用胸腔穿刺器(也可用通乳针代替)。穿刺前,术部皮肤应先切一小口,再经此切口按上述方法将其刺入胸腔。拔出针芯,其套管再插一长 30 厘米的聚乙烯导管至胸底壁。拔出针套,将导管固定在皮肤上。导管远端接 1 个三通开关注射器,可连续抽吸排液。

3. 心包穿刺术　心包穿刺用于抽吸心包积液,以减少对心脏的压迫,也可用于检验心包液性质、注入药液、治疗心包膜炎症等。

(1)穿刺部位　左侧胸壁下1/3与中1/3交界处的水平线与第四肋间隙交点处。

(2)穿刺方法　动物用镇静剂后，右侧卧位保定。于4～6肋间剪毛、消毒，局部用1%盐酸利多卡因注射液浸润麻醉。选16～18号静脉注射针，其针座套1根6～10厘米长的硬质胶管，后者再与三通开关注射器(20毫升)接头相连。按胸腔穿刺方法将针头刺入胸腔(注射器保持负压)，慢慢向心脏方向推进。当针尖接触心包时，可觉心脏搏动。继续进针，刺入心包，如有心包液进入注射器，证明穿刺正确。卸下注射器，将一细的聚乙烯导管经针头插入心包腔5～6厘米。拔出针头，用胶布将体外导管固定在皮肤上。再将导管与注射器连接，可连续抽吸心包液，冲洗心包腔和注入药液。抽吸量大时，应密切注意心脏功能变化，必要时，应用心电图仪予以监护。另外，穿刺过程中，应防止发生气胸。

4. 脊髓穿刺术　目的是为了采取脊髓液进行化验来诊断某些疾病，也可向蛛网膜下腔内注射药物治疗某些疾病。

(1)穿刺部位　枕正中线与两个寰椎翼前外角隆起连线的交点上。经此点穿刺，针头进入寰枕关节的小脑延髓池内。

(2)穿刺方法　将动物进行全身麻醉，俯卧保定或侧卧保定，将头部保定于保定台的边缘上，头向腹面屈曲使颈部长轴垂直，以增大枕骨与寰椎之间的间隙。术部剃毛、消毒。针头垂直刺入皮下，经颈韧带慢慢向深部推进。定期拔出针芯以观察脑脊液是否流出。穿刺针要防止左右移动，严格掌握垂直方向。进针中偶尔感到穿过硬脑膜的阻力感消失时，针端即进入小脑延髓池内。拔除针芯，脑脊液即可流出。若针头内流出血液而无脑脊液，说明刺破了椎骨静脉丛的分支。此时，应更换穿刺针头，重新穿刺。如果在脑脊液中出现了新鲜血液，应停止穿刺，过24小时之后重新穿刺。在针进入小脑延髓池内，针孔内看到液体时，立即接上脊髓液压力计测定其压力，然后抽吸2毫升脊髓液放入灭菌小瓶内。脑脊液的检查内容包括颜色、浑浊度、细胞计数及分类和蛋白质的测定。必要时检查电解质含量，进行细菌计数和培养。穿刺完毕，拔下针头，术部消毒。术后5～7天注意动物有无不良反应。

5. 膀胱穿刺术　膀胱穿刺用于因尿道阻塞引起的急性尿潴留，可缓解膀胱的内压，防止膀胱破裂。另外，经膀胱穿刺采集的尿液，可以减少在动物排尿过程中收集尿液的污染，使尿液的化验和细菌培养结果更为准确，也可减少导尿引起医源性尿道感染的机会。

(1)穿刺部位　耻骨前缘3～5厘米处腹白线一侧腹底壁上。也可根据膀胱充盈程度确定其穿刺部位。

(2)穿刺方法　动物前躯侧卧，后躯半仰卧保定。术部剪毛、消毒，0.5%盐酸普鲁卡因注射液浸润麻醉。膀胱不充满时，操作者一手隔着腹壁固定膀胱，另一手持接有7～9号针头的注射器，其针头与皮肤呈45°向骨盆方向刺入膀胱，回抽注射器活栓，如有尿液，证明针头在膀胱内。并将尿液立即送检或细菌培养。如膀胱充满，可选12～14号针头，当刺入膀胱时，尿液便从针头射出。可持续地放出尿液，以减轻膀胱压力。穿刺完毕，拔下针头，消毒术部。

(六)麻 醉 术

麻醉术的目的在于安全有效地消除手术疼痛，确保人和动物安全，使动物失去反抗能力，为能顺利手术创造良好的条件。也是动物疾病诊疗的重要环节。现今兽医临床麻醉大体分为3类，即全身麻醉、局部麻醉和复合麻醉。动物临床上多用全身麻醉，局部麻醉较少用。

1. 全身麻醉　利用麻醉药物对中枢神经系统产生暂时的抑制作用，从而使动物不感疼痛，但仍保持延髓和平滑肌组织的功能，叫做全身麻醉。全身麻醉可分为吸入麻醉和非吸入麻醉。

(1)吸入麻醉　常用药物有属于挥发性液体麻醉剂的氟烷、甲氧氟烷、乙醚、氯仿、安氟醚等;属于气体麻醉剂的氧化亚氮、环丙烷等。

在国内兽医临床上,一般仅对中、小动物实施吸入麻醉,常采用开放式点滴法进行麻醉。先用凡士林涂于动物口、鼻周围,再用4～6层纱布的口罩将口、鼻罩住,周围用纱布或毛巾塞紧,最后在口罩上点滴乙醚或氟烷等进行麻醉。

(2)非吸入麻醉　常用药物有二甲苯胺噻唑(静松灵)类麻醉剂、巴比妥类麻醉剂、水合氯醛、乙醇(酒精)、氯胺酮等。临床上常将几种麻醉药及镇痛、镇静药混合应用,以期提高麻醉效果,减少麻醉药量,减轻麻醉药的副作用。

(3)临床应用

①846麻醉剂:由保定宁60毫克、双氢埃托啡4微克、氟哌啶醇2.5毫克复合而成的846麻醉剂是一种新的复合麻醉剂,麻醉效果良好。推荐剂量为每千克体重0.04毫升肌内注射。

②盐酸吗啡:通常按1毫克/千克体重皮下注射,可麻醉1小时以上。

③氯胺酮:一般先皮下注射硫酸阿托品0.05毫克/千克体重和甲苯噻嗪1～2毫克/千克体重(或安定1～2毫克/千克体重,或肌内注射氯丙嗪0.3～0.5毫克/千克体重),10～20分钟后肌内注射盐酸氯胺酮5～20毫克/千克体重。

④戊巴比妥钠:每千克体重25～30毫克静脉或腹腔注射,可麻醉2～4小时。

⑤硫喷妥钠:每千克体重用20～25毫克做静脉或腹腔注射。

⑥盐酸氯丙嗪:每千克体重用1～2毫克肌内注射,可麻醉1小时以上。

2. 局部麻醉　应用局部麻醉药,作用于机体的一定部位,使该局部痛觉的传入冲动暂时阻断,从而使手术局部痛觉消失的麻醉方法称局部麻醉。根据给药的途径和操作方法不同，局部麻醉可分为如下几种。

(1)表面麻醉　是利用喷雾、涂布、滴入或填塞等方法，使穿透性能较强的局部麻醉药与手术区的组织表层充分接触，使局部痛觉暂时消失或减轻的方法。

临床上常用0.5%～1%丁卡因或2%～5%可卡因，2%～5%盐酸酸利多卡因溶液点入结膜囊内5～6滴，经2～5分钟开始麻醉，持续10～15分钟。用1%～2%丁卡因或5%～10%可卡因溶液涂布或浸渍口腔、鼻腔、直肠或阴道黏膜进行麻醉。麻醉膀胱黏膜，可用0.5%～1%盐酸普鲁卡因注射液注入膀胱内。关节、腱鞘及黏液囊中的滑膜麻醉，可用4%～6%盐酸普鲁卡因注射液注入。在实施体腔手术时，常用3%～5%的盐酸普鲁卡因注射液喷洒以麻醉浆膜。

(2)浸润麻醉　是将局麻药注射到局部的各层组织中，来麻醉该部位的神经末梢。这是最常用的局部麻醉法之一。常用0.25%～1%盐酸普鲁卡因注射液做浸润麻醉，为了增强麻醉效果，可向麻醉液中加入微量的0.1%肾上腺素注射液。

根据操作方法不同，浸润麻醉可分为直线浸润、分层浸润和菱形与扇形浸润等多种。在操作中，均应注意使麻醉药液能浸润到手术区的各层组织内。

(3)传导麻醉　是将局麻药注射于支配手术区的神经干或神经丛周围，暂时阻断来自手术区的痛觉传导而产生麻醉的一种方法。麻醉剂的浓度较高，临床上一般常用3%～5%盐酸普鲁卡因注射液。

如实施额部及上眼睑手术时，可做眶上神经传导麻醉，上臼齿拔出术时可做上颌神经传导麻醉，下颌臼齿、下唇及颏部手术时可做下颌齿槽神经传导麻醉，舌手术可麻醉舌神经和舌下神经，髂区剖腹手术可做腰旁神经干传导麻醉。

(4)椎管内麻醉　将局部麻醉药注射入椎管内，从而使某些脊髓神经被阻滞的方法。根据局麻药注入部位的不同，椎管内麻醉可分为蛛网膜下腔麻醉和硬膜外腔麻醉。在临床上，目前多用硬膜外腔麻醉。麻醉时进行椎管内穿刺的部位可选择在腰椎与荐椎间隙或第一、第二尾椎间隙或荐骨与第一尾椎间隙。

3. 复合麻醉　应用多种麻醉药或麻醉方法彼此配合，借以达到所需的麻醉程度叫做复合麻醉。这种麻醉可防止造成中枢神经系统过度抑制，减少麻醉并发症，保证动物术后生理功能迅速恢复，所以在临床上得到广泛应用。

(1)局部麻醉的复合　例如在神经传导麻醉时，为了增强麻醉效果，可复合局部浸润麻醉。

(2)局部麻醉和全身麻醉的复合　一般进行全身浅麻醉，配合进行局部麻醉。

(3)全身麻醉的复合　如肌内注射硫喷妥钠后，再吸入氟烷等。也可将几种全身麻醉剂、镇痛镇静、催眠剂混合应用。保定宁、“846”均属这种复合麻醉剂。

(七)气管内插管法

气管内插管主要用于动物全身麻醉，保证有足够的通气、吸入挥发性麻醉药、便于人工呼吸和防止唾液或胃内容物误入气管等。插管前应进行麻醉前给药(阿托品、镇静、镇痛药)和诱导麻醉(静脉注射硫喷妥钠)。

八、毛皮动物外科手术基本操作技术

手术是外科治疗和诊断的技术，手术可以借助于手和器械进行动物疾病的治疗，也可作为动物疾病的诊断手段，如肿块的穿刺术等。

(一)手术前的准备

毛皮动物的外科手术,应按外科手术常规要求进行。手术前,要对手术器械及用品、术者手臂进行严格消毒。动物保定后进行麻醉,选择好手术部位并剃毛,然后用5%碘酊对皮肤进行消毒,再用70%酒精脱碘消毒,最后盖上灭菌的创布并固定。

(二)组织切开

组织切开指用锐性分离的方法将组织分离开,是显露术野的重要步骤。

1. 选择切口的要求　①切口应尽可能靠近病变部位,最好直接到达手术区。②切口应与局部重要血管、神经走向接近水平,以免损伤这些组织。③确保创液及分泌液的引流通畅。④二次手术时,应避免在瘢痕上切开。

2. 操作注意事项　①切口大小要适宜。②皮肤的切开应手术刀与皮肤垂直,力求一次完成切开皮肤。毛皮动物皮肤移动性较大,多采用皱襞法切开。③组织层次分明,按解剖层次分层切开,由外向内切口大小相同、整齐。④皮下结缔组织和深筋膜切开与分离应多用钝性分离,配合锐性切开,严防损伤大血管和神经干。⑤肌肉的切开应尽量沿肌纤维方向钝性分离,这样易于缝合和愈合。⑥腹白线的切开应先用镊子夹起腹白线两侧组织做一小切口,然后插入有沟探针或手术镊,用手术刀反挑式切开腹膜或用钝头剪剪开腹膜,防止损伤内脏。⑦肠管的切开应将病变肠管引出创外,做好隔离,严防污染。⑧骨组织切开应先锐性切开骨膜,再钝性分离,尽可能保持骨膜完整性,有助于骨组织愈合。

(三)组织分离

组织分离是指用锐性或钝性分离方法将组织分离开,充分显露术野。

1. 锐性分离 多用手术刀或手术剪将组织切开或剪开。不同组织有不同锐性分离方法，如小动物皮肤多用皱襞法切开，或紧张法切开。

2. 钝性分离 用刀柄、止血钳、手指等插入组织间隙内，用适当力量剥离、推开周围组织。

3. 硬组织分离 主要是指骨组织的分离，多用骨科器械（如骨锯、骨钻、骨凿、骨钳、骨膜剥离器等）将其锯断、凿开、钻孔等。

（四）止　血

1. 纱布块止血 适用于毛细血管渗血和小血管出血。用温生理盐水纱布块压迫出血处数秒钟，即可止血。

2. 钳夹止血 适用于小血管出血。用止血钳前端夹住血管断端止血。应垂直钳夹血管，以减少组织损伤。

3. 结扎止血 适用于明显、较大的血管出血，是最可靠的一种止血方法。根据出血血管大小，在止血钳钳夹断端血管后，用缝线进行单纯或贯穿结扎止血。

4. 电凝和烧烙止血 电凝止血适用于浅表小出血或不易结扎的渗血。用止血钳夹住出血点，将高频电刀或电凝器与止血钳接触，待局部发烟即可。也可用电凝器直接与出血组织接触止血；烧烙止血适用于出血面积较大或出血部位较深的小血管或渗血。将电烙铁或其烙铁烧得微红，接触或稍触压出血处，并迅速移开。

5. 局部药物止血 常用明胶海绵或0.1%肾上腺素、1%～2%麻黄素溶液浸湿纱布压迫止血。

（五）缝　合

1. 缝合材料 临床上最常用的是丝线（不吸收），组织抗张力强，价廉，易消毒，使用方便，打结确实。可根据组织张力大小，选择不同型号的丝线。肠线为可吸收缝线，临床上也较常用。普通肠线4～5天即失去作用，铬制肠线10～20天仍能保持抗张力。肠线常用于胃肠道、泌尿生殖道的缝合。尼龙线为不可吸收，抗张力比丝线强，组织反应也小。单丝尼龙线常用于血管缝合，多丝尼龙线多用于皮肤缝合。但该线较硬，打结易滑脱，故常采用三重结打结。不锈钢丝，张力强，对组织不起炎症反应，临床常用于固定骨折和缝合张力大的组织，如筋膜、肌腱等，也可用于皮肤缝合，以防其被动物舔断，伤口裂开。

2. 缝合方法

(1)单纯对合缝合法　分为间断缝合和连续缝合。前者又分为结节缝合、减张缝合、“8”字形缝合等；后者分为单纯连续缝合和锁边缝合2种。

(2)内翻缝合　将缝合组织的边缘内翻，使缝合组织的表面平滑，多用于胃肠、膀胱等的缝合。内翻缝合也可分为连续内翻、缝合间断内翻缝合、连续水平褥式内翻缝合和烟包缝合。

(3)外翻缝合　是将缝合组织的边缘向外翻出，使缝合处内面保持平滑。外翻缝合可分间断垂直褥式缝合和间断水平褥式缝合，常用于皮肤、腹膜、血管等的缝合。

3. 打　结

(1)打结的种类　方结(又称平结)是最常用的结，是用2个方向相反的单结组成。外科结是将第一结扣线缠绕2次，其摩擦面较大，不易松开。三重结是打好方结后，再打一与第一结方向相同的结。

(2)打结的方法　分器械打结、单手打结和双手打结3种。小动物手术常用器械打结。不论采用何种打结方法，都要在结扎时使两个牵拉点与结扣点尽量成一条直线，并且两端拉力相等。

4. 注意事项　①应根据组织的解剖层次分层缝合，不要遗留残腔。②缝合时，应使缝针垂直刺入和穿出，拔针时要按针的弧度方向拔出。③针距要整齐、相等。④打结线的松紧度，应视不同组织而异，如肠管缝合，不能过紧，否则易撕裂组织；皮肤缝合打得过紧，皮肤易内翻等。⑤较长的切口缝合，可先在切口中间缝合1针，再在两段中间缝合，这样可使切口缘对合整齐，防止吻合口皱褶。

(六)引　流

引流是指将伤口、体腔或其他感染部位的液体引出体外以进行治疗的方法。引流的目的是闭塞死腔，除去异物，促进伤口愈合。但是，如果引流不当，也会引起感染和并发症。因此，每次手术是否需要引流，应严格掌握适应证。

1. 适应证　一般用于手术之后防止创内出血、炎性渗出，以免形成血肿或渗出物积聚而继发感染；也用于伤口严重感染，或已形成脓肿，可使其及时排出，促使伤口尽早愈合；伤口深难以缝合，可在腔底部放置引流物，有利于渗血和渗液排出，防止形成死腔：胃肠手术时，尤其是污染严重的胃肠道缝合或吻合，腹腔内安置引流管，防止腹腔感染；胸腔手术后，为了减压，放置胸腔闭式引流管，除排气、排液外，还有利于肺的鼓胀。

2. 常用引流方法

(1)纱布条引流　有药液纱布条(用药液浸泡灭菌纱布条而制成)和凡士林纱布条(将纱布条浸入适量凡士林，高压蒸汽灭菌制成)。纱布条只有当其纤维能吸收或渗出物缓慢地从创内流出时，才具有引流作用。一旦纱布饱和(仅数小时)，渗出液凝固或沉积在纱布上，就会阻碍引流，故现在纱布条用于引流较少，仅适用于一般切口的引流，多用于维持创腔的开放。

(2)橡皮管引流　也称彭罗斯氏引流法，是最常用的一种引流法。橡皮管软而有弹性，管壁薄，其直径为0.64～2.54厘米，管壁上有若干个孔。液体借助重心和毛细管作用而引出；也可用乳胶管和硅胶管代替，在其一端管壁上剪若干个小洞。

(3)双腔管引流　又称积液引流，多用于腹腔引流。由粗细不同的两根橡皮管制成，内、外管壁有若干小孔。使用时，将引流管外口连接于吸收器收集引流液。这种引流管，由于粗、细管之间有空隙，允许空气进入，因而抽吸时不会吸附周围组织，能保证引流通畅，适用于腹腔内较多积液的引流和腹膜透析等。

(4)胸腔闭式引流　胸腔是一密闭的、呈负压状态的体腔。引流时，为使胸腔不与大气相通，常用“水封瓶”的方法将引流管淹没在水中，与大气隔绝，即保证胸腔负压状态，又可引出气体或液体。

装置方法：用 2 000～3 000 毫升磨口玻璃瓶塞上密封的橡皮塞。一瓶塞入长短 2 根玻璃管，长的插至瓶底，短的通过瓶塞即可。另一瓶塞穿入 3 根玻璃管，长管 1 根伸至瓶底，短管 2 根仅穿过瓶塞下方。前者长管接胸腔引流管，短管与后者一短管连接。后者长管与外界相通。各装置均保证无菌和不漏气。由于此种装置与吸引器连续轻度负压吸引，有助于胸腔内积液和空气的排出。

3. 引流护理及注意事项　①凡未感染的引流，应严格无菌操作，防止污染。观察和记录每种引流液的性质、颜色和数量。②每天更换敷料和绷带，若引流量多，应增加更换次数。③动物套上颈圈，以防咬掉引流材料。④引流管放置正确。切口内引流时，应将引流物放在切口较低的一端。体腔内引流时，必须放在最低的部位和接近需要引流的部位，但不要直接压迫血管和神经。同时，体腔内引流时，引流物最好不经过手术切口，以免使切口感染裂开，应在切口旁做一切口引出引流管。⑤引流管固定确实。不论是深部引流，还是浅部引流，都需要在体外固定。以防脱出或掉入体腔，一般浅部引流物可用别针固定；深部引流物需要缝线固定于皮肤上。要经常保持引流通畅。否则不仅达不到引流目的，反而有害。因此，要及时检查引流管，注意其不要被血凝块和坏死组织所堵塞。当引流的液体量确实减少时，应及时拔出引流管。

(七)手术后的护理

给动物做完手术,只是完成治疗作用的一部分,而大量的工作还有赖于手术后及时治疗、处理。术后的治疗措施如下。

(1)预防术后感染　手术后是否感染与病兽的抵抗力、手术无菌操作及组织损伤的程度有密切关系,常用抗生素和磺胺类药物抗感染治疗。

(2)加强饲养管理,增强病兽体质　每天对手术后的病兽进行细致的观察;饲喂充足、新鲜的蛋白质饲料,如牛奶、鸡蛋等。饲料中添加维生素 C 能促进创伤的愈合。

思考题

1. 毛皮动物黏膜颜色的变化有何临床指征意义?
2. 毛皮动物常用的给药途径有哪些?
3. 毛皮动物有哪些采血方法?
4. 毛皮动物手术操作应注意哪些事项?
5. 毛皮动物手术的止血方法有哪些?

第六章　毛皮动物防疫员需掌握的驱虫技术

一、毛皮动物寄生虫病的预防和驱虫原则

(一)有计划进行预防性驱虫,控制和消除感染源,防止病原扩散

1. 有计划地实施预防性驱虫措施　多数毛皮动物寄生虫病都呈慢性过程,常被人们忽视,使毛皮动物生长缓慢,影响毛皮质量。因此,要在没有出现明显症状或引起严重损失之前,及时将动物体内感染的虫体驱除。预防性驱虫要根据当地寄生虫病的流行特点有计划地进行。毛皮动物一般每年驱虫 2～3 次。皮兽在 60 日龄和冬毛生长期以前各驱虫 1 次;老年兽每季度驱虫 1 次。不要使用的次数太多,因为驱虫药都有一些副作用。驱虫的时间一般与注射疫苗的时间靠近,但注射疫苗与驱虫的时间最好间隔 7 天以上。

2. 治疗患病动物　经过诊断,确认动物患何种寄生虫病后,应根据患病动物的体质和病情制订治疗方案。治疗中的原则是"标本兼治,扶正祛邪",采用特效药物和对症治疗相结合的原则。治疗病兽必须建立在正确诊断的基础上,早发现、早治疗,对患病动物,特别是患直接接触性传播寄生虫病的动物,应采取隔离措施,防止病原体的扩散和环境污染。驱虫过程中要对患病动物进行精心护理,安静休息,给予足够的恢复时间,必要时,在治疗一段时间后,再次进行病原体检查,以判定疗效。治疗不受时间和季节的限制,只要发现病兽立即进行。

3. 驱虫的基本原则和方法

(1)驱虫药物选择原则　不论是预防还是治疗寄生虫病,应选择高效、低毒、广谱、价廉、使用方便的药物。即选择能驱除多种寄生虫,且对寄生虫成虫和幼虫都有高度驱除效果的药物;药物的治疗量不能造成动物中毒或出现其他副作用;给药方法简便;价格与其他同类药物相比低廉。但最主要是依据当地存在的主要寄生虫病选择高效驱虫药。

(2)驱虫用药方法　可单独用药,也可联合用药,从而可扩大驱虫范围,增强驱虫效果。根据不同的药物,可采用不同的给药方式,一般有:口服、灌服、注射、外用涂搽、气雾、饮水等。可个体投药或群体给药,不论哪种给药方法,均要预先测量动物体重,精确计算药量。

(3)驱虫的注意事项　①要保证药品质量的可靠,用药计量要准确,要严格按药物使用说明书给药。给药途径要正确,保证药物全部进入体内。用药前要停食或早晨空腹投药。用药时饮水中加入速溶多维,可减少应激。②投药后详细观察动物表现,如若出现严重副作用,应及时解救(洗胃、补液、解毒、强心)。有轻微中毒表现的动物,如食欲不振、腹泻、轻微腹痛等症状,一般不需治疗。调药用具不能用金属制品,用水应是凉开水,现配现用,不能提前配制,投药后 3 小时方可饮水。对病兽可暂时不驱虫,康复后再驱虫。③大群驱虫治疗或预防时,应先选出少部分动物做试验,观察药物效果及安全性。④驱虫时应隔离动物,驱虫后 5 天内的排泄物要集中堆积发酵,做无害化处理,以消灭虫卵。

(二)消灭外界环境中的虫体,切断传播途径

1. 动物粪便要堆积发酵,进行生物热除虫处理　寄生在动物体内的寄生虫,在繁殖过程中随粪便将大量的虫卵、幼虫或卵囊排到外界环境,在外界可发育至感染期。因此,杀死粪便中的虫卵、

幼虫或卵囊，可以防止动物的再感染。但寄生虫的虫卵、幼虫或卵囊对化学消毒药物有强大的抵抗力，常用浓度的消毒药对它们没有杀灭作用，但它们对热较敏感，在50℃～60℃温度下，足以被杀死。而粪便堆积起来进行发酵，10～20天后，粪堆内温度可升至60℃～70℃，几乎可以完全杀死粪便中的病原体，所以杀死它们最有效的方法是进行粪便发酵。要经常清除动物的粪便，集中到固定的场所，堆积起来发酵处理。

2. 消灭中间宿主和传播媒介　消灭中间宿主和传播媒介可阻止寄生虫的发育，起到消除感染和阻断感染途径的双重作用。应消灭的中间宿主和传播媒介，是指那些经济意义较小的螺、蚂蚁、蚯蚓、蝇、蜱及吸血昆虫等无脊椎动物。主要采用以下方法。

(1)物理方法　主要是改造生态环境，使中间宿主和传播媒介失去必需的栖息场所，如采取排水、交替升降水位、清除隐蔽物等措施。

(2)化学方法　使用化学药物杀死中间宿主和传播媒介，在兽舍、河流、溪流、池塘、草地等喷洒杀虫剂。但要注意环境污染和对有益生物的危害，必须在严格控制下实施。

(3)生物方法　养殖捕食中间宿主和传播媒介的动物对其进行捕食，如养鸭和食螺鱼灭螺，养殖柳样鱼、花鳉以灭蚊等。

3. 加强卫生检验，防止食入带虫食物　喂给毛皮动物的肉品一定要进行严格的卫生检验，不能用患病的胴体和脏器以及含有寄生虫的鱼、虾等饲喂动物。因为有些寄生虫病可通过患病的肉、鱼、虾等传播给动物。

(三)加强饲养管理，增强动物体质，提高抗病能力

1. 改善饲养条件，提供全价营养　在防治寄生虫病中，必须使动物的饲养达到标准化，不但保证饲料日粮的总能量符合机体的需要，而且要保证全价的营养成分，只有这样才能保障动物机体

有较强的抵抗力。

在全价营养、机体营养状态良好和抵抗力较强的情况下，可防止寄生虫侵入，阻止寄生虫侵入后的继续发育，甚至将其包埋或杀死，使感染维持在最低水平，使机体与寄生虫之间处于暂时地相对平衡状态，制止寄生虫病的发生。

2. 注意饲养管理卫生 被寄生虫病原体污染的饲料、饮水和兽舍，常是动物感染的重要原因。

(1)安全饮水 不能饮用不流动的或较浅水池、湖泊、水塘、沼泽地、溪流等处的水，最好饮用井水或自来水，其次是江河水、有沙底或石底的较深湖泊水。用作饮水的水源禁止被粪便、垃圾或动物尸体污染，禁止将尸坑、粪坑、垃圾点设在水源附近。

(2)饲料卫生 动物的饲料要保管好，防止被粪便等污染。

(3)兽舍卫生 兽舍应保持干燥，通风良好，舍内保持清洁，及时清除排出的粪便和垃圾，粪便和垃圾要堆积发酵处理。

3. 保护幼龄兽 一般成年兽抵抗力强，不易感染，感染后发病较轻或不发病，但往往是重要的感染来源。幼龄兽抵抗力弱，易感染，感染后发病严重，死亡率较高，因此，应保护幼龄兽。将幼龄兽与成年兽分开饲养，减少幼龄兽被感染的机会。哺乳仔兽应及早训练补饲，早断奶，断奶后立即分群，安置在新建的或经过除虫处理的兽舍饲养。

二、毛皮动物常见寄生虫病的预防和治疗措施

(一)蛔虫病

蛔虫病是由犬弓首蛔虫、猫弓首蛔虫和狮弓首蛔虫寄生于毛皮动物胃及小肠内引起的一种线虫病，是毛皮兽饲养业的重要病害之一，成年母狐饲养于泥土或木质地板笼舍内的，感染率几乎为

100%。本病可引起消化障碍、消瘦、毛皮品质下降等，影响生产繁殖，严重的引起大批毛皮兽死亡。

【症状表现】 成年兽表现为营养不良，渐进性消瘦，贫血，食欲不振，呕吐，先腹泻后便秘，有时出现异嗜，经常排出虫体。

幼兽发育不良，生长迟缓，腹部膨大，有的吐出蛔虫，有时腹痛，呻吟，被毛松乱，腹下有时无毛。病兽出现颈细腹大，行走时腹部下垂，呈“元宝”形。因蛔虫毒素侵害，病兽出现神经症状如癫痫发作等。有的病例不影响食欲，病兽临死前还在吃食。

【驱虫技术】 本病可使用药物驱虫。①驱蛔灵：每千克体重100毫克。②双羟萘酸噻嘧啶：每千克体重6～12毫克。③左旋咪唑：每千克体重10毫克。④丙硫咪唑：每千克体重5～8毫克。⑤速效肠虫净1片。⑥碘化噻唑氰胺：每千克体重6～11毫克，连用7～10天。以上①～⑥种药物可灌服或混入饲料中喂服。⑦伊维菌素或阿维菌素：每千克体重0.2毫克，颈部皮下注射。

1周后检查驱虫效果，必要时进行第二次驱虫。

【预防措施】 预防本病主要是要清除蛔虫卵。注意环境卫生，保持饲料、饮水和笼舍清洁，笼网及小室应用火焰消毒，笼舍架离地面；粪便及时清扫并堆积发酵。

定期对动物进行驱虫，幼龄兽断奶后驱虫1次，以后每隔2个月驱虫1次；或在断奶后20～30天及配种后20～30天各驱虫1次。或每年进行2次驱虫，第一次在6～7月份，第二次在11～12月份。

防止家犬进入动物场，对护场的犬进行定期驱虫。

(二)钩虫病

钩虫病是由犬钩虫、貉钩虫、狭头弯口线虫寄生于毛皮兽的小肠而引起的线虫寄生虫病，主要特征为贫血、肠炎和低蛋白血症。

【症状表现】 病兽食欲不振，衰弱，精神沉郁，结膜苍白，异嗜，呕吐。前期便秘，后期腹泻，粪便中常带血，呈黑色柏油状。渐进性消瘦，被毛粗乱，无光泽，易脱落，皮肤有时瘙痒，或引起皮炎，出现脓疱和溃疡。病兽有时咳嗽，呼吸促迫，严重者四肢和腹下水肿，以至水肿部位破溃，流黄色渗出液。口角和口腔黏膜糜烂，最后呈恶病质状态。钩虫病是一种慢性病，少有直接死于急性钩虫病者。

【驱虫技术】 对病兽可选用下列药物驱虫。①左旋咪唑：每千克体重 5～10 毫克。②丙硫咪唑：每千克体重 5～10 毫克。③二碘硝基酚：每千克体重 10 毫克。④双羟萘酸噻嘧啶：每千克体重 6～25 毫克。以上①～④种药物经口投服连用 5～7 天。⑤阿维菌素：每千克体重 0.2 毫克，皮下注射。⑥四氯乙烯：每千克体重 0.2 毫升，装入胶囊内投药；或内服四氯乙烯胶丸（每粒 0.2 毫升或 0.5 毫升），用药后 7～8 小时再投予泻药（忌用油类泻药），且注意在给药前 18 小时和用药后 4 小时，不可喂食和饮水；本药对哺乳动物禁用。

【预防措施】 对动物要定期驱虫，母狐在配种前驱虫 1 次，仔狐 30 日龄驱虫；实行严格的卫生措施，加强对粪便的管理和处理，粪便要堆积生物发酵；保持圈舍清洁、干燥。保持动物良好的营养状况，特别是预防幼兽的重度感染是关键。

（三）绦虫病

绦虫病是由绦虫引起的一种寄生虫病，绦虫种类较多，常见的有细粒棘球绦虫、裂头绦虫、多头绦虫及中殖孔绦虫等，寄生于狐、貉的小肠内。

【症状表现】 轻度感染者一般不显临床症状，重度感染时，病兽食欲减退，精神倦怠，被毛粗糙而无光泽；喜卧，不愿活动，呕吐，腹泻或便秘，粪便中混有白色的孕卵节片；渐进性消瘦，贫血。有的出现痉挛、癫痫等神经症状。幼兽生长发育受阻，严重感染的可衰竭死亡。

【驱虫技术】　对病兽选用下列药物驱虫。①吡喹酮：每千克体重3～5毫克。②氢溴酸槟榔碱：每千克体重2.5～3毫克。③氯硝柳胺：每千克体重120～130毫克。④盐酸丁萘脒：每千克体重25～50毫克。⑤硫双二氯酚：每千克体重50～100毫克。以上①～⑤种药物均为1次口服，必要时可每日1次，连续口服2～3次。⑥槟榔或南瓜籽喂服：槟榔3～5克，加50毫升水制成煎剂，早饲前给病兽内服，但注意喂前要停食16～18小时；或停食12小时后用南瓜籽200～250克，捣碎混在少量肉类饲料中投喂。

【预防措施】　加强饲养管理，搞好笼舍卫生，做好粪便处理及发酵工作，防止饲料、饮水被病兽及鼠、狗的粪便污染；禁止用兔肉或含有各种绦虫幼虫的动物肉及内脏饲喂毛皮兽，兽场附近不要养兔，防止鼠类进入兽场。每年定期预防性驱虫2次。发现病兽，立即隔离，同时对全场动物进行预防性用药。

(四)棘头虫病

棘头虫病是由棘头虫寄生于毛皮兽的肠管内引起的以腹泻、肠道脓肿为特征的寄生虫病。寄生于毛皮兽体内的棘头虫主要有棒体棘头虫，寄生于水貂、野猫、海狗等；中吻棘头虫，寄生于草狐、银鼠、鼬等；犬巨吻棘头虫，寄生于狼、豹、狐狸、貉、獾等。

【症状表现】　轻度感染者一般不呈现临床症状，重度感染者，病兽精神沉郁，食欲减退，体温升高，渴欲增强，不愿活动，被毛蓬乱，衰弱消瘦，贫血，腹泻，粪便带血，腹痛。当肠壁发生脓肿或穿孔时，动物食欲废绝，腹痛，体温升高，衰竭死亡。

【驱虫技术】　目前尚无特效驱虫药，可试用以下药物。①磷酸左旋咪唑：每千克体重8毫克，肌内注射；或每千克体重15毫克，口服。②四氯乙烯：水貂每千克体重2毫升，直肠灌注；狐每千克体重0.3毫升，胶囊口服。③硫双二氯酚：狐每千克体重0.5～

0.6 克,绝食 18～20 小时后内服。

【预防措施】 粪便要及时清除,运至远离兽场处进行焚烧或生物热处理,以防止扩散。消灭中间宿主甲虫幼虫,对可能寄生棘头囊的虾、鱼及其下脚料,必须蒸煮或阴干、冷冻等处理后再喂动物。

(五)旋毛虫病

旋毛虫病是由旋毛虫的幼虫和成虫寄生于毛皮兽引起的线虫病,毛皮兽中银黑狐、北极狐、水貂、黑貂等易感。易感的毛皮兽既是终末宿主,又是中间宿主。幼虫在宿主体内移行,在横纹肌内形成包囊,成虫寄生于肠道内,成虫、幼虫都可使动物致病。

【症状表现】 轻度感染者一般无明显症状。重度感染可发生明显症状,初期(肠型)病兽食欲减少,体温升高,呕吐,轻度腹痛,腹泻,粪中混有黏液和血液。在幼虫移行期和包囊形成期(肌型),病兽厌食,消瘦,低热,有的呼吸困难,眼睑、下颌水肿,肌肉僵硬、肿胀、紧张、疼痛,严重者可引起死亡。

耐过移行期和包囊形成期的病兽,症状逐渐减轻,长期消瘦,可视黏膜苍白,母兽可能发生流产或产死胎。

一般在感染后 1～3 周各种症状达到高峰,然后逐渐减轻。在这个阶段最易发生死亡。一般感染后 5～6 周开始恢复,临床症状逐渐消失。

【驱虫技术】 无特效治疗药物。对已确诊为旋毛虫病的病兽,可用丙硫苯咪唑驱虫。

使用时先将丙硫苯咪唑置乳钵中,按药物 1 份加经过煮沸冷却的液状石蜡 6 份,仔细研磨混合,全部过程均须无菌操作。给药总剂量为每千克体重 200 毫克,分 2 次深层肌内注射,2～4 天为 1 个疗程。

【预防措施】 加强兽医卫生检验,严禁用患有旋毛虫的生肉喂貂、狐狸、貉。用生肉喂这些动物时，必须先做旋毛虫检查，发现旋毛虫后应先经高温处理后才能使用。在煮肉时应将肉切成小块后再进行高温处理，以彻底杀灭虫体。

加强饲料环境卫生消毒，尤其是消灭饲料仓库、饲料调配室、动物笼舍及水源周围的老鼠，防止鼠粪污染饲料和饮水，避免老鼠将旋毛虫病传播给毛皮动物，切断毛皮动物感染旋毛虫的途径。

(六)狐食管虫病

狐食管虫病又称血色食管虫，是由食管线虫寄生于狐食管壁或大动脉壁而引起的一种寄生虫病，可在寄生部位形成肿瘤状的结节，引起病狐吞咽及呼吸困难。

【症状表现】 移行的虫体在穿通组织时引起出血、炎症及坏疽性脓肿，使管腔变得狭窄。如形成动脉瘤或引起动脉管壁破裂，则引起大出血可导致病狐死亡。成虫在食管壁、胃壁、动脉壁形成肿瘤，内含 1 个或数个虫体，可产生各种不同的危害，如吞咽困难、呼吸困难、呕吐，有时吐出虫体。轻症病狐由于吞咽困难，表现出饥饿，但屡次采食不能咽下，流出黏稠的口水，有的病狐因气管壁有肿瘤而引起咳嗽。

【驱虫技术】 常用驱虫药有，①左旋咪唑：每千克体重 20 毫克，口服，连用 5～7 天。②阿维菌素：每千克体重 0.2 毫克，皮下注射。

【预防措施】 不要生喂淡水鱼，因鱼鳃中常含有其中间宿主甲虫；加强对养殖场内的粪便管理，消灭食粪甲虫。

(七)狐眼虫病

又叫吸吮线虫病，是由罗氏吸吮线虫寄生于狐的结膜囊内、第三眼睑下和泪管内所致的寄生虫病。

【症状表现】 病狐结膜、角膜发炎，潮红、流泪。重者角膜损伤、发生溃疡或角膜混浊，羞明、红肿。病狐烦躁，摇头不安，常将眼向其他物体上摩擦。

【驱虫技术】 常用驱虫药有，①盐酸噻咪唑（驱虫净，四咪唑盐酸盐）：每千克体重3毫克，空腹1次内服，连用2天。②1%敌百虫溶液：点眼。

对发炎的眼要对症治疗。

【预防措施】 本病主要靠蝇类传播，因此在养狐场要消灭蝇类。有些养狐场在每年3～4月份狐换毛季节，用阿维菌素按每千克体重0.2毫克的剂量全面预防性投药1次，母狐配种前驱虫1次效果明显。

（八）肾膨结线虫病

又叫肾虫病，是由肾膨结线虫寄生于狐、水貂等动物的肾盂及腹腔中而引起的一种寄生虫病。

【症状表现】 患兽消瘦、贫血、可视黏膜苍白，食欲不佳，消化紊乱，呕吐，血尿等。貂群抵抗力下降，易继发其他传染病。

【驱虫技术】 本病尚无好的驱虫治疗方法，可以用阿维菌素或伊维菌素治疗，用药剂量和方法可参照药品说明书。

【预防措施】 凡以淡水鱼类为主要饲料的养殖场，鱼类饲料都应熟喂，其他饲料也应和未高温处理的生鱼隔开，不要混放在一起。动物应饮用井水，特别是江南（长江以南）水乡的养殖场，对本病应重视。泥鳅污染率高达70%，须熟制后饲喂。

（九）狐鞭虫病

狐鞭虫病是由毛首线虫属的鞭虫引起的寄生虫病。虫体寄生于大肠内。

【症状表现】 轻度感染时无异常症状；严重感染时病狐食欲不振，消瘦，腹泻，伴有体温升高，便血。结膜苍白。幼狐发育受阻，甚至死亡。

【驱虫技术】　常用驱虫药有，①羟嘧啶：为驱鞭虫的特效药，每千克体重2毫克，口服。②敌百虫：每千克体重0.1克，拌料。③左旋咪唑：每千克体重5毫克，口服。

【预防措施】　参照蛔虫病。

（十）水貂麦地拉龙线虫病

麦地拉龙线虫寄生于水貂皮下，水貂感染后，病貂营养不良，消瘦，被毛粗糙蓬乱，精神沉郁，食欲减退。

【驱虫技术】　常用驱虫药有，①5%的佳灵三特注射液（氯氰碘柳胺钠）：每千克体重0.1毫升，皮下注射，间隔7天再用药1次。②用伊维菌素或手术取虫。

【预防措施】　避免水貂饮用含有被麦地拉龙线虫幼虫感染的剑水蚤的水，或食入被感染的鱼。

（十一）狐心丝虫病

狐心丝虫寄生于狐心脏的右心室及肺动脉，寄生于胸腔和支气管的比较少见，引起循环障碍，呼吸困难及贫血。

【症状表现】　病狐早期表现咳嗽、腹围增大，呼吸困难，运动后尤为显著；后期病狐贫血，逐渐消瘦，衰竭而死。有的病狐出现癫痫样神经症状，当狐心丝虫堵塞主要脏器（心、脑）动脉管时，可发生急性死亡。病狐常伴发结节性皮肤病，瘙痒和易破溃的多发性灶状结节，多见于耳郭基底部的皮肤。

【驱虫技术】

（1）驱杀成虫

①硫乙胂胺钠：每千克体重2.2毫克，静脉注射，每天2次，连用2天。

②盐酸二氯苯胂：每千克体重2.5毫克，静脉注射，每隔5天

注射1次。

③海群生：每千克体重22毫克，内服，每日3次，连用14天。

(2)驱幼虫(微丝蚴)

①碘化噻唑氰胺(碘化二硫噻唑啉)：每千克体重4.2毫克，拌料，每日1次，连用7天；如微丝蚴检查仍为阳性，可加大剂量，每千克体重13.2～15.4毫克，直至微丝蚴检查阴性为止。

②左旋咪唑：每千克体重10毫克，口服，连用15天；治疗后第六天检查血液，当血液中检不出微丝蚴时，停止治疗。

③伊维菌素：每千克体重0.05～0.1毫克，1次皮下注射。

【预防措施】 搞好狐场及狐体卫生，彻底消灭蚊子(中间宿主)；池塘和水库中养鱼是消灭蚊虫的好办法。也可用药进行预防，在蚊、蝇活动的季节，用海群生苯乙烯吡啶合剂，按每千克体重5.5毫克混于饲料中，每日1次，连用2个月。同时严防野犬、狼等窜入狐场。

(十二)华支睾吸虫病

由华支睾吸虫寄生于狐的胆囊及胆管内引起的肝吸虫病。

【症状表现】 轻者症状不明显，只表现渐进性消瘦。重者表现腹泻，食欲不振，无力，高度消瘦，黄染；肝脏肿大，甚至硬化，触之疼痛，有腹水。

【驱虫技术】 常用驱虫药有，①硫双二氯酚：每千克体重200毫克，内服。②六氯对二甲苯：每千克体重20毫克，每日3次，连用5天，但总量不能超过25克。③吡喹酮：每千克体重5～10毫克，每日1次，连用5天。

【预防措施】 毛皮动物要定期驱虫，禁止饮用河水或池塘水；不要在鱼塘边修建猪舍或厕所；消灭其中间宿主淡水螺；尽量不要用生的淡水鱼、虾饲喂动物，要熟喂。

(十三)弓形虫病

弓形虫病又称弓形体病，是由龚地弓形虫引起的人、兽共患寄生虫病。弓形虫是一种多宿主寄生虫，自然条件下水貂、貉、银黑狐、北极狐均能感染。

【症状表现】　潜伏期7～10天，长者达数月，成兽发病程度轻微，多不出现症状。幼兽多呈重度症状，急性感染病例可在2～4周死亡，慢性病例可维持数月，长期带虫。

(1)银黑狐、北极狐　病狐临床表现为精神沉郁，食欲减退或废绝，呼吸困难、浅表，鼻孔及眼角有黏性分泌物，继而腹泻，稀便中带血液。体温升高达41℃～42℃，有时出现剧烈呕吐。有的表现极度兴奋，在笼内转圈跑动，尖叫。而后四肢出现不完全麻痹或完全麻痹，全身肌肉痉挛，最后心力衰竭而死亡。妊娠狐可导致流产，胎儿被吸收，或出现死胎、难产等。公狐则不能正常配种。

(2)水貂　病貂临床表现为兴奋性增高，极度不安，眼球突出，无目的地急速奔跑，反复出入小室(产箱)，尾向背伸展，有的上、下颌动作不协调，采食缓慢且困难；腹泻，呼吸极度困难，有的听觉丧失；之后转为沉郁，完全拒食，鼻端支着笼壁呆立不动，时而搔抓、啃咬笼网，驱赶时只能无方向地做转圈运动。并伴发结膜炎、鼻炎和便秘。耐过急性期的公貂性欲减退，母貂不发情、不受胎，或产死胎、畸形胎儿或弱仔。

【驱虫技术】　弓形虫对磺胺类药物较敏感，常用药物有，①磺胺-6-甲氧嘧啶：每千克体重60～100毫克，口服，每日1次，连用4天。②磺胺嘧啶：每千克体重50～100毫克，肌内注射，每日2次，连用7～10天。③磺胺甲基苯吡唑(SMPZ)：每千克体重30毫克，首次量加1/3；同时使用磺胺增效剂甲氧苄氨嘧啶(TMP)，按每千克体重10毫克计算；二者混合每日1次内服，连用5天。④12%的复方SMPZ注射液(SMPZ∶TMP为1∶1)每千克体重50

毫克,肌内注射,每天2次,连用5天。

同时配合复合维生素B(B_1、B_6、B_{12})及维生素C注射液各1毫升,治疗必须在发病初期进行,如用药较晚,虽可使临床症状消失,但不能抑制虫体进入组织形成包囊,从而使病兽成为带虫者。

【预防措施】 病兽尸体、扑杀的胴体及流产胎儿要烧毁或消毒后深埋,取皮、剖检、助产、捕捉用具及被污染的笼舍、地面环境、粪便,要彻底消毒,可用5%的热火碱水进行喷洒消毒,每天1次,连用1周。食槽及饮水槽,彻底清洗消毒,每天2次。严防饲料、饮水被猫的粪便和排泄物污染。经常开展灭鼠工作。禁用带虫动物的肉作饲料,可疑家畜肉及其加工副产品必须煮熟后再喂。

(十四)球虫病

狐、貉、貂球虫病是由艾美耳球虫寄生于小肠黏膜上皮细胞内引起的一种寄生虫病。一般多在温暖多雨季节流行。

【症状表现】 幼龄兽比成年兽发病率高,且症状明显。病兽食欲减退或废绝,精神委靡不振,被毛粗乱无光泽,消瘦,反应迟钝,眼、鼻分泌物增多,贫血,可视黏膜苍白或黄染;体温升高,尿频或做排尿姿势而无尿液排出。腹泻,粪便稀薄,混有黏液和脱落的黏膜,常粪中带血。腹围增大,肝区触诊有疼痛反应。严重者呼吸困难,四肢抽搐,惊厥、尖叫,肌肉震颤、痉挛或麻痹。病程数日或数周,痊愈者生长发育缓慢。

【驱虫技术】 常用的药物有,①氯苯胍:每千克体重15毫克,口服,每日1次,连用5天。②磺胺二甲基嘧啶:每千克体重75毫克,口服,每日2次,连用3～5天。③磺胺嘧啶:首次量每千克体重0.14～0.2克,静脉注射或内服,以后每12小时按每千克体重0.11克用药,至症状消失。

还可试用盐霉素、莫能菌素、杀球灵、克球多等;但球虫易产生抗药性,驱虫时要注意交替用药。

【预防措施】 加强饲养管理，增强机体抵抗力，对动物给予全价饲料和充足的维生素、微量元素；防止饲料、饮水污染。动物笼与地面要有一定距离，勤换垫草，保持动物场、笼舍清洁干燥；对动物笼、小室、食具等定期消毒。动物粪便应运至远离动物场处进行生物热处理。淘汰慢性病兽，不作种用。温暖季节对动物进行定期检查，发现感染强度较高时，应在饲料中添加抗球虫药预防。

(十五)巴贝斯虫病

也称巴贝斯焦虫病，是由数种巴贝斯虫引起的血液原虫病。

【症状表现】 狐、貉精神沉郁、食欲减退，体温升高达 40℃～41.5℃，呈稽留热；喜卧，便秘，腹泻，粪便呈黄色或绿色，后期带血；尿液初期呈黄色，后期呈茶水色的血红蛋白尿，可视黏膜苍白，个别出现黄染，消瘦。

【驱虫技术】 常用药物有，①三氮脒(贝尼尔、血虫净)：每千克体重 3.5～3.8 毫克，制成 5%～7%注射液，深部肌内注射，注意毒性。②盐酸左旋咪唑：每千克体重按 2～3 毫克配成 10%注射液，肌内注射，连用 3 次，每次间隔 10～12 小时，同时每天肌内注射维生素 C 2 毫升。

对未发病的狐、貉进行全群灭蜱，用伊维菌素皮下注射，隔 7 天重复注射 1 次，用法用量请参照药品使用说明书。

【预防措施】 搞好环境卫生，兽场内不可杂草丛生，不要让牛、犬进入。灭蜱，根据流行地区蜱的活动规律，制定灭蜱措施。常用的灭蜱药有：0.2%辛硫磷、0.2%杀螟松、0.2%害虫敌或 2.5%溴氰菊酯乳油等。

(十六)螨 虫 病

又称疥癣病，是由各种螨虫寄生于狐、貉的体表所引起的寄生性皮肤病。病原体主要是疥螨、痒螨。造成皮肤和被毛的损伤，导致兽群抵抗力下降，生产能力低下，甚至死亡。

【症状表现】 痒螨（耳螨），常见于银黑狐、北极狐，病初见病兽耳部发痒，不断摇头，或以耳壳摩擦地面、小室和笼网，并以脚爪搔抓患部，引起外耳道皮肤发红、肿胀，形成炎性水疱，耳中有液状分泌物流出，干涸后形成干痂。有时见鼓膜穿孔，有时出现脑炎症状。病兽站立不正，或出现神经症状和痉挛。

疥螨，一般发生在脚掌部皮肤，之后可逐渐蔓延至全身。病初皮肤发红有疹状小结，表面有大量麸皮状皮屑，进而皮肤增厚、被毛脱落，表面覆盖痂皮、龟裂。病兽进入温暖小室后，痒觉加剧，不停啃舐、摩擦。病兽烦躁不安，食欲降低，逐渐消瘦。

【驱虫技术】 常用药物有，①1%～3%的敌百虫溶液：涂搽患部，7 天后重复涂搽 1 次。②1%伊维菌素：每千克体重 0.5～1 毫克，皮下注射，隔 5 天重复 1 次，并辅以螨净涂搽患部，早、晚各 1 次。若同时用青霉素与新霉素加强治疗，效果更佳。③0.05%双甲脒溶液：药浴 1 周后重复 1 次。④20%碘硝酚注射液：每千克体重 0.05 毫升，皮下注射。

涂搽用药时，应先将患部的毛剪掉，并去除痂皮，用温肥皂水冲刷洗净；对有化脓灶的部位，用 2%的碘酊涂搽，再用金霉素或红霉素软膏涂搽。视其患部炎症程度，可用青霉素肌内或皮下注射，预防和治疗细菌性的继发感染。

【预防措施】 该病为接触性传播，具有高度传染性，因此发现患兽要马上隔离，对笼舍、用具要彻底消毒。注意环境卫生，保持笼舍清洁干燥。也可选择药浴进行预防，根据养殖场内具体情况选用木桶，旧铁桶，大铁锅，帆布浴池或水泥池等进行药浴。可选用下述药物：每千克体重 500 毫克辛硫磷，每千克体重 250 毫克二嗪农（螨净），每千克体重 150～250 毫克巴胺磷（赛福丁），或每千克体重 300～500 毫克双甲脒，或每千克体重 50 毫克溴氰菊酯（倍特）等。大群药浴前应先做小群安全试验；药液温度应保持在

36℃～37℃，最低不能低于30℃。应选择无风晴朗天气或在室温条件下进行。药浴前应给动物饮足水，动物浸入药液后要浸透，浸没头部，但要露出口、鼻，防止误咽中毒。药浴后应注意观察有无中毒现象，同时必须注意安全，药浴的同时要对笼舍消毒。

（十七）毛虱病

貉毛虱病是由毛虱引起的毛皮动物的慢性体外寄生虫病，主要发生在秋、冬两季。

【症状表现】　毛虱主要靠毛和表皮鳞片（屑）为食，狐、貉感染后痒感剧烈，表现不安、厌食，常呈犬坐姿势，用后爪蹬挠背部或啃咬胸腹侧，乃至掌前部及腕部。或啃咬被毛，或在笼上蹭痒。啃咬或蹭痒处呈斑块状掉毛，颜面、耳周、颈部及前肢等部位形成大小不等的断毛区或无毛区，有大量的皮肤鳞屑，甚至有擦伤痕迹。在无毛斑块的界线处毛根上附有毛虱。貉因搔痒影响休息与采食，造成营养发育不良、消瘦，被毛零乱、无光泽。该病主要造成毛缺损，皮张质量下降，甚至失去利用价值。

【驱虫技术】　常用药物主要有，①百虫清片：混饲口服，按每10千克体重1片，混在饲料中单独口服，对妊娠母畜等产后再用药，过7天重复1次。②伊维菌素注射液：每千克体重0.5～1毫克，皮下注射，7天后重复注射1次。③0.5%蝇毒磷药粉（20%蝇毒磷乳粉25克加975克白陶土配制）：装入纱布袋里，拨开毛绒，向毛丛根部撒布，7天后重复用药1次。④0.5%～1%的敌百虫溶液或2.5%的溴氰菊酯溶液药浴：药浴时要在温暖的条件下进行，以防感冒。同时，要将动物体浸在药液中，将口、鼻露出水面以防中毒。⑤灭害灵喷雾剂：毒性低，安全性高，刺激性小，有高效的杀灭活性，是治疗动物毛虱病的高效、安全药物。

【预防措施】　兽舍要经常打扫，消毒，垫草要勤换、常晒；舍内保持通风干燥，避免过于拥挤；一旦发现病兽，要及时隔离治疗，笼舍及护理用具要用 0.05%蝇毒磷溶液或 2.5%溴氰菊酯乳油 1 000～1 500 倍液喷雾杀虫，笼舍可用火焰消毒；对新引入的动物一定要隔离观察饲养，认真检查，确无毛虱病后方能混入大群饲养。

(十八)蠕形螨病

是由蠕形螨寄生于兽体的毛囊和淋巴结内引起的一种寄生虫病。

【症状表现】 病初毛囊周围红润，有丘状突起，随后脓肿，脱毛，皮脂溢出，并有银白色液性的皮屑脱落。严重时，螨虫可侵入到病兽的淋巴结或其他组织中，不及时治疗可引起死亡。

【驱虫技术】 常用药物有：①刮取患部皮肤内容物及其周围的污垢和痂皮，用温肥皂水或 0.2%温来苏儿水洗刷，然后用 5%浓碘酊涂搽患部，每隔 1～2 天涂搽 1 次，直到痊愈为止。②阿维菌素：每千克体重 0.2 毫克，肌内注射，2 周后再注射 1 次。

(十九)蚤　病

由跳蚤寄生于毛皮动物体表而引起。

【症状表现】 跳蚤在动物身上刺咬，吸血，引起动物瘙痒不安和营养消耗。动物常用脚爪搔抓被侵害的部位，使被毛遭到损伤；病兽消瘦，严重者可出现贫血和营养不良。

【驱虫技术】 可参照毛虱病的驱虫方法进行驱虫。①将 0.5%蝇毒磷药粉装入纱布袋里，拨开毛绒，向毛根部撒布，1 周后重复用药 1 次。②在室温条件下，用 2.5%溴氰菊酯溶液，按 250～300 倍稀释后，喷洒在蚤寄生部位，1 小时内可杀死虫体。

要注意杀虫药的用量，不要过多，以免中毒。在用药的同时，小室(产箱)要消毒，垫草要更换掉。

【预防措施】 搞好棚舍卫生，保持干燥，定期用 1%～2%敌百虫液喷洒杀灭地面上的跳蚤。

思考题

1. 驱虫给药的方法和注意事项是什么？
2. 防制寄生虫应采取的综合性防制措施包括哪些内容？
3. 拟定蛔虫病的驱虫方案和预防措施。
4. 制订弓形虫病和球虫病的预防及驱虫方案。
5. 如何更好地治疗和预防螨虫、毛虱等体外寄生虫病？

第七章　毛皮动物防疫员需掌握的疫病扑灭技术

一、毛皮动物疫病的预防措施

(一)加强饲养管理,提高机体抵抗力

各种动物发病情况与它本身的抗病能力有着密切的关系,体质健壮的动物,对病原微生物的侵害有较强的抵抗力;当机体情况转差时,它的抗病能力就相应减弱。具体应做好以下几方面工作。

第一,要重视饲料和饮水的卫生。饲料要保证新鲜、营养全价、多样化,并要合理搭配调制,对腐烂、变质和来路不明的病死畜禽肉及其下杂严禁使用。饮水要清洁、无污染,水盒、水槽要经常清洗,定期消毒。

第二,要重视环境卫生,经常打扫,保持笼舍、小室无积粪,不脏污,不潮湿,地面清洁干燥。

第三,加强饲养管理工作,建立健全合乎动物卫生的饲养管理制度,增强机体的抵抗力,防止传染病传入。

第四,建立健全动物卫生防疫制度,定期对健康动物进行系统检查。

第五,要坚持"自繁自养"和"全进全出"的原则,"自繁自养"是防止异地带进传染病的一项重要措施。

(二)完善防疫制度,切断外界病原微生物的传入

第一,毛皮动物饲养场每季度至少进行1次全面大消毒,平时

每周消毒1次，夏季应增加消毒次数。仔兽分窝前应提前将旧笼舍清扫、消毒。

第二，做好杀虫灭蝇工作。

第三，要积极灭鼠，严防其他动物（猫、犬等）窜入场内传播病原以及周围环境中可能带入病原的其他因素。

第四，病死毛皮动物尸体必须焚烧或深埋，污染的笼、舍要严格消毒后才能再使用。

第五，引种时，应严格检疫，至少隔离饲养观察3～4周，确认没有疫病时，方能进场合养。

第六，从场外购入的动物性饲料，必须经严格检疫。

第七，禁止外人参观，必要时，应严格消毒后方可进场。

（三）定期进行免疫接种和饲喂预防药物

1. 免疫接种　分为预防接种和紧急接种。

（1）预防接种　在经常发生某些传染病的地区，平时有计划地给健康动物进行的免疫接种，称为预防接种。预防接种通常使用疫苗、菌苗、类毒素等生物制剂做抗原激发免疫。

①预防接种应有周密的计划：为了做到预防接种有的放矢，应对当地各种传染病的发生和流行情况进行调查了解。弄清楚在过去曾经发生过哪些传染病，在什么季节流行。针对所掌握的情况，拟订每年的预防接种计划。

②应注意预防接种的反应：预防接种发生反应的原因是一个复杂的问题，是由多方面的因素造成的。生物制品对机体来说，都是异物，经接种后有个反应过程，不过反应的性质和强度可有所不同。在预防接种中会出现不良反应或剧烈反应。所谓不良反应，一般认为就是经预防接种后引起了持久的或不可逆的组织器官损害或功能障碍而致的后遗症。反应的类型可分为：正常反应、严重反应、并发症，应根据情况区别对待。

③几种疫苗的联合使用:同一地区,同一种动物,在同一季节内往往可能有2种以上疫病流行。通过实践证明,使用多联多价制剂和联合免疫的方法,可以一针防多病,大大提高防疫工作效率,给兽医人员和群众带来很多方便,这是预防接种工作的发展方向。随着集约化畜牧业的日益发展,为了提高防疫效率,降低劳动强度,防疫方法的改进将日益受到重视。

④合理的免疫程序:免疫接种须按合理的免疫程序进行。目前国际上还没有一个可供统一使用的疫(菌)苗免疫程序,各国都在实践中总结经验,制订出合乎本地区、本牧场具体情况的免疫程序,而且还在不断研究改进中。

⑤对水貂、狐、貉的免疫:主要应重点做好犬瘟热、水貂病毒性肠炎疫苗等疾病的免疫,一般每年留种前、仔兽分窝断奶后3周进行2次预防接种。

(2)紧急接种　紧急接种是在发生传染病时,为了迅速控制和扑灭疫病的流行,而对疫区和受威胁区尚未发病的动物进行的应急性免疫接种。紧急接种以使用免疫血清较为安全有效,但因血清用量大,价格高,免疫期短,且在大批动物接种时往往供不应求。因此,对有些传染病还应以疫苗接种为主,如犬瘟热、狂犬病和魏氏梭菌病等。

2. 药物预防　为了预防某些疫病,在动物的饲料、饮水中加入某种安全的药物进行集体的化学预防,在一定时间内可以使受威胁的易感动物不受疫病的危害,这也是预防和控制畜禽传染病的有效措施之一(详细内容见第四章)。

二、毛皮动物疫病的扑灭措施

毛皮动物场一旦发生疫病时,应根据情况立即采取相应控制措施,切断传染源,使疫情控制在最小范围内,把损失减至最小。

(一)疫病逐级呈报制

饲养、生产、经营、加工、运输动物及其产品的单位和个人,发现传染病或疑似传染病时,必须立即报告当地畜禽防疫检疫机构或乡(镇)畜牧兽医站。特别是可疑为狂犬病等重要传染病时,一定要迅速向上级有关部门报告,并通知邻近单位及有关部门注意预防工作。上级机关接到报告后,除及时派人到现场协助诊断和紧急处理外,根据具体情况逐级上报。若为紧急疫情,应以最迅速的方式上报有关领导部门。

当毛皮动物突然死亡或怀疑发生传染病时,应立即通知兽医人员。在兽医人员尚未到场或尚未做出诊断之前,应采取下列措施:①将疑似传染病患病动物进行隔离,派专人管理。②对患病动物停留过的地方和污染的环境、用具进行消毒。③患病动物尸体应保留完整,未经兽医检查同意,不得随意急宰。

(二)隔离与紧急消毒

当确定发生疫病时,将患病兽、可疑患病兽和健康兽隔离饲养,以便消除传染源,切断流行途径,就可把疫情限制在最小范围内就地消灭。对于临床症状明显的动物,应在彻底消毒情况下移入隔离区,这是最危险的传染源。这类动物要有专人饲养,严加护理治疗,不要让其逃离出隔离场所。对于可疑动物(指无临床症状但与病兽或其污染的环境有过明显的接触,这类动物可能处于潜伏期),应在消毒后另地看管,详加观察,出现症状的则按病兽处理。隔离期间可采取免疫接种或药物治疗,1~2 周不发病者,可取消限制。对于假定健康群,应与前两者分开饲养,同时立即进行紧急接种。

(三)病兽的治疗或淘汰

发生疫情后,采取适当的治疗方法,是控制传染病的方法之一,同时可以减少因动物死亡所造成的经济损失。一般情况下,一些细菌性疾病、寄生虫病可通过有效的药物治愈。病毒性疾病无特效药,发病时用药主要是防止病兽的继发感染。

从流行病学观点来看,传染病的治疗还应考虑经济问题,以最少的花费取得最佳治疗效果。如果经济上不合算,则不予治疗;目前对各种动物传染病的治疗方法虽不断有所改进,但仍有一些疫病尚无有效的疗法。当认为动物无法治愈或治疗需要很长时间,所有医疗费用超过患病动物痊愈后的价值;或当患病动物对周围的人、畜有严重的传染威胁时,可以淘汰宰杀。

传染病的治疗与一般普通病不同,特别是那些流行性强,危害严重的传染病,必须在严密封锁或隔离的条件下进行,务必使治疗的患病动物不致成为散播病原的传染源。患病动物的治疗必须及早进行,不能拖延时间;还应尽量减少诊疗工作的次数和时间,以免经常惊扰而使病兽得不到安静的休养;除药物治疗外,还应尽力扶持和增强病兽本身的抵抗力。

1. 针对病原体的疗法 在动物传染病的治疗方面,帮助动物机体杀灭或抑制病原体,或消除其致病作用的疗法是很重要的,一般可分为特异性疗法、抗生素疗法和化学疗法等。

(1)*特异性疗法* 应用针对某种传染病的高度免疫血清、痊愈血清(或全血)等特异性生物制品进行治疗,因为这些制品只对某种特定的传染病有疗效,而对其他种病无效,故称为特异性疗法,如破伤风抗毒素血清只能治疗破伤风,对其他病无效。

高度免疫血清主要用于某些急性传染病的治疗,一般在诊断确实的基础上在病的早期注射足够剂量的高度免疫血清,常能取得良好的疗效。如缺乏高度免疫血清,可用耐过动物或人工免疫动物的血清或血液代替，也可起到一定的作用，但用量须加大。使用血清时如为异种动物血清，应特别注意防止变态反应。一般高度免疫血清很少生产，而且并非随时可以购得，因此在兽医实践中的应用远不如抗生素或磺胺类药物广泛。

(2)抗生素疗法　抗生素为细菌性急性传染病的主要治疗药物，下面仅就在传染病的治疗工作中正确应用抗生素的问题做一简要说明。

合理地应用抗生素，是发挥抗生素疗效的重要前提，不合理地应用或滥用抗生素往往引起种种不良后果。使用时一般要注意如下几个问题。

①掌握抗生素的适应证：抗生素各有其主要适应证，可根据临诊诊断，判断致病菌种，选用适当药物。最好以分离的病原菌进行药物敏感性试验，选择对此菌敏感的药物用于治疗。

②要考虑到用量、疗程、给药途径、不良反应、经济价值等问题：开始剂量宜大，以便集中优势药力给病原体以决定性打击，以后再根据病情酌减用量；疗程应根据疾病的类型、病兽的具体情况决定，一般急性感染的疗程不必过长，可于感染控制后3天左右停药。

③不要滥用抗生素：滥用抗生素不仅对病兽无益，反而会产生种种危害。例如，常用的抗生素对大多病毒性传染病无效，一般不宜应用，即使在某种情况下应用于控制继发感染，但在病毒性感染继续加剧的情况下，对病兽也是无益而有害的。

④抗生素的联合应用应结合临诊经验控制使用：联合应用时有可能通过协同作用增进疗效，如青霉素与链霉素的合用，土霉素与氯霉素合用等主要可表现协同作用。但是，不适当的联合使用(如青霉素与氯霉素合用，土霉素与链霉素合用常产生拮抗作用)，不仅不能提高疗效，反而会影响疗效，而且增加了病菌对多种抗生素的接触机会，更易广泛地产生耐药性。

抗生素和磺胺类药物的联合应用,常用于治疗某些细菌性传染病,如链霉素和磺胺嘧啶的协同作用可防止病菌迅速产生对链霉素的耐药性,这种方法可用于布鲁氏菌病的治疗。青霉素与磺胺类药物的联合应用常比单独使用的抗菌效果为好。

(3)化学疗法　使用有效的化学药物能帮助动物机体消灭或抑制病原体的治疗方法,称为化学疗法。治疗传染病最常用的化学药物有:磺胺类药物、抗菌增效剂、硝基呋喃类药、喹诺酮类药、抗病毒药等。

2. 针对动物机体的疗法　在毛皮动物传染病的治疗工作中,既要考虑帮助机体消灭或抑制病原体,消除其致病作用,又要帮助机体增强一般的抵抗力和调整、恢复生理功能,促使机体战胜疫病,恢复健康。

(1)加强护理　传染病病兽的治疗,应在严格隔离的兽舍中进行;冬季应注意防寒保暖,夏季注意防暑降温。隔离舍必须光线充足,通风良好,并有单独的兽笼,防止病兽彼此接触,应保持安静、干爽清洁,并经常进行随时消毒,严禁无关人员入内;因高热病兽经常需要喝水,应供给病兽充分的饮水,每一病兽应单独有一水桶或水盆,每天更换清洁的饮水。给予新鲜而易消化的高质量饲料,少喂勤添,必要时可人工灌服。根据病情的需要,亦可用注射葡萄糖、维生素或其他营养性物质以维持其生命。

(2)对症疗法　在传染病治疗中,为了减缓或消除某些严重的症状、调节和恢复机体的生理功能而进行的内、外科疗法,均称为对症疗法,如使用退热、止痛、止血、镇静、兴奋、强心、利尿、轻泻、止泻、防止酸中毒和碱中毒、调节电解质平衡等药物以及某些急救手术和局部治疗等,都属于对症疗法的范畴。

(3)针对群体的治疗　目前集约化饲养规模日益扩大,在大的饲养场传染病的危害更为严重。除对患兽进行护理(改善饮水、饲料、通风等)和对症疗法之外,主要是针对整个群体的治疗。除药物治疗外，还需紧急注射疫(菌)苗、血清等。

三、死兽和淘汰病兽的处理

传染病病兽的尸体含有大量的病原体，是一种危险的传染源，如不及时做无害化处理，则能污染环境，引起人、畜发病。尸体处理的主要方法如下。

(一)化 制

尸体在特设的加工厂中加工处理，既进行了消毒，又保留许多有利用价值的东西，如工业用油脂、骨粉、肉粉等。

(二)掩 埋

方法简单易行，目前比较广泛使用，但不是彻底的处理方法。掩埋尸体时应选择干燥、平坦，远离住宅、道路、水井、牧场、河流等偏僻地区，深度在 2 米以上，掩埋同时加入一定量的生石灰。

(三)腐 败

将尸体投入专用的腐败深坑中，坑用不透水的材料砌成，有严密的盖子，内有通气管。此法依靠发酵分解达到消毒的目的，还可以取出做肥料，但不适用于炭疽、气肿疽等芽孢菌所致疫病的尸体处理。

(四)焚 烧

此法最彻底，适用于特别危险的传染病尸体的处理，有条件的应尽量用此法。

四、毛皮动物常见传染病的预防和治疗措施

(一)狂犬病

狂犬病,亦称恐水症,是由狂犬病毒引起的人和动物共患的一种急性直接接触性传染病。由于其症状明显而严重,病死率极高,一旦发病,几乎全部死亡,近几年世界流行趋势还有所上升,严重地威胁人类健康和生命安全。

【发生与传播】 几乎所有的温血动物都易感,但主要的易感动物是犬科和猫科动物,以及翼手类(蝙蝠)和某些啮齿类动物。野生动物(狼、狐、貉等)是狂犬病毒主要的自然贮存宿主。由于病毒主要存在于脑脊髓和唾液中,多数病例是由于患病和带毒动物咬伤而发生感染,偶尔也可以通过消化道和呼吸道感染。本病无明显季节性,冬末春初发病较多,发病快,病程短。

【治疗方法】 本病治疗基本无效。

【预防措施】

(1)控制和消灭传染源 犬是狂犬病的主要传染源,因此对犬狂犬病的控制,包括对家犬进行大规模免疫接种和消灭野犬是预防其他动物狂犬病最有效的措施,世界上很多控制和消灭了狂犬病的国家的经验已证实这一点。

对患狂犬病死亡的动物一般不应剖检,更不允许剥皮食用,以免狂犬病毒经破损的皮肤黏膜而使人感染,应将病尸焚化或深埋。如因诊断需要剖检尸体时,必须做好个人防护和消毒工作。

(2)加强养殖场管理 对于毛皮动物在人工饲养的条件下,几乎不与外界其他动物接触,所以一般不需要接种狂犬病疫苗,但偶尔被犬咬伤时,可紧急接种狂犬病疫苗或抗狂犬病血清,因此狐场绝对不允许犬随意进出。

(二)伪狂犬病

伪狂犬病,是多种动物共患的急性病毒性传染病,本病主要特点是侵害中枢神经系统和引起皮肤痛痒。

【发生与传播】 在自然条件下,除牛、羊、猪、猫及啮齿类动物易感之外,毛皮动物以貂、银黑狐、北极狐易感。病兽和带毒的肉联厂下杂肉类饲料是主要传染源,特别是饲喂猪下水及杂肉类饲料时易感本病。病毒侵入机体的主要途径是消化道,在污染场,也可经呼吸道黏膜、损伤皮肤、交配、哺乳等感染。本病没有明显的季节性,但以夏、秋季多见,常呈暴发流行,初期死亡率很高。

【治疗方法】 目前尚无特效疗法。发现本病后,应立即停喂被伪狂犬病毒污染的饲料,更换新鲜、易消化、适口性强、营养全价的饲料。同时,用抗生素控制继发感染。

【预防措施】 为预防本病,对饲料要严格检查,特别是喂猪内脏和肉类时更要注意,应煮熟或无害处理后再喂。本病可进行特异性预防,即注射伪狂犬病疫苗。

(三)犬 瘟 热

犬瘟热是由犬瘟热病毒引起的犬科、鼬科和浣熊科等部分动物的急性、热性和高度接触性传染病。其特征为双相热型,皮肤湿疹,眼、鼻的浆液性和化脓性炎症,卡他性肺炎,出血性胃肠炎和脑炎。本病流行广泛,是水貂、狐及貉严重的传染病之一。

【发生与传播】 犬科动物(如犬、狼、狐、貉等)、鼬科动物(如水貂、雪貂、臭鼬等)、浣熊科中的浣熊、小熊猫等都是易感动物,断奶仔兽易感性最高,死亡率也高,老龄兽抵抗力较强。病兽和犬是主要传染源,凡有饲养犬的地方,都难免受感染;患兽通过分泌物和排泄物污染饲料、饮水和器具,经消化道感染,也可通过飞沫、空气经呼吸道感染。本病一年四季均可发生,秋、冬季发病率较高,呈地方性流行。狐、貉及水貂的该病流行与犬的流行及其自身的免疫状态密切相关。

【治疗方法】 ①要尽快定性，及时隔离病兽。②对假定健康兽紧急接种犬瘟热弱毒疫苗，可按正常免疫的倍量使用。③对病兽要使用大剂量的高免血清，同时应用磺胺类药物和抗生素控制细菌引起的感染，必要时结合强心、补液及解毒等综合措施。④加强对病兽笼舍和用具的消毒。

【预防措施】 每年进行2次疫苗接种，一般12月份至翌年1月份接种1次，仔兽分窝后连同老兽接种1次。因该病极易流行，随时都可侵袭断奶兽，小兽边断奶边接种，不要同步免疫。要严格掌握剂量，不能低于规定的免疫剂量。注射时要熟练、稳重，严禁漏药。

在疫苗的运输和保管上要严加注意，否则疫苗效价将降低，影响免疫效果。实践证明，我国犬瘟热在毛皮兽的流行与缺乏防疫知识、免疫剂量不足、疫苗在运输和保管中效价降低及某些生产单位疫苗的质量不佳有直接关系。

对患犬瘟热死亡的病兽要焚烧或深埋处理，不可随意乱扔。引进种兽时，立即注射疫苗，隔离观察15天，确定无犬瘟热时，方可与健康群一起饲养。平时加强饲养管理，场内禁止养犬、猫等动物。

(四)病毒性肠炎

病毒性肠炎是由肠炎病毒引起的一种重度腹泻、肠黏膜脱落、粪便中纤维蛋白和肠黏液形成的管状物、血液中白细胞显著减少为特征的急性、高度接触性传染病。水貂、狐和貉均感染该病，但水貂易感性最高，貉和狐发病率较低。

【发生与传播】 每年6～10月份发病率高。年轻兽比老龄兽更易发病。死亡率水貂不超过40%，貉可达90%。本病多呈地方性流行，初期病势缓慢，以后呈急性暴发。消化道是病毒的主要感染途径。病兽康复后带毒、排毒达12个月以上，是最危险的传染源。如果不采取措施，到翌年6～10月份还可重复发生。

【治疗方法】　本病目前无特效疗法。当已确诊有病毒性肠炎病时，用抗生素控制继发感染并补液，注射高免血清，可使多数病兽得到治愈。用病毒性肠炎疫苗做紧急抢救性接种，并对症治疗，可抢救部分健康兽或病兽。

【预防措施】　为了从根本上预防本病，对健康兽必须每年2次(分窝后的仔狐、貉、水貂，7月份1次，留种狐、貉、水貂在配种前即12月末或翌年初1次)预防注射病毒性肠炎免疫苗。同时，采取综合性预防措施，如加强兽场的卫生、定期对笼舍及地面消毒、把握饲料的质量和新鲜度、防止饮水的污染、疫苗定期免疫等都是控制本病发生的关键。

(五)狐传染性肝炎(狐脑炎)

狐传染性肝炎是由犬腺病毒引起的一种急性、败血性、接触性传染病。其特征是体温升高，呼吸道和肠道黏膜卡他性炎症及脑炎症状，实质器官特别是肝脏发生炎性坏死变化及脑膜炎变化。犬和狐对本病的易感性大，而且死亡率很高。

【发生与传播】　本病常呈地方性流行，其患病率和死亡率不随季节而变化，但夏、秋季节，对本病的传播最为有利。任何年龄的狐、银黑狐和犬均可发生此病，而最敏感期在3～6月龄。自然条件下感染本病时，潜伏期为10～20天。人工感染时，潜伏期为5～6天。

【治疗方法】　本病目前无特异性治疗方法。给病兽注射维生素 B_{12} 和叶酸有一定效果。北极狐和银黑狐肌内注射维生素 B_{12}，每只量为350～500微克，幼龄狐每只量为250～300微克，持续3～4天。同时喂饲料时掺入叶酸，每只量为0.5～0.6毫克，持续

10～15 天。

【预防措施】 本病可用食肉动物犬瘟热病毒和传染性肝炎病毒制成的弱毒活毒冻干联合疫苗。自然康复的狐可获终生免疫。预防措施是隔离病狐和可疑病狐，以到屠宰期为止。笼子和小室应彻底消毒，用 10%～20%漂白粉溶液消毒地面。

(六)巴氏杆菌病

该病是由多杀性巴氏杆菌感染引起的毛皮动物急性、败血性传染病。其特点是发病急、病程短、死亡快。水貂、狐和貉均易感。

【发生与传播】 本病在 6～9 月份发病率高。仔兽更易感。本病的发生分外源性和内源性感染。外源性传染与饲喂污染巴氏杆菌的畜、禽及侵肠型巴氏杆菌出现下痢和血便。此型病程 48～96 小时感染与应激因素有关，如闷热、寒冷、气候剧变，小室潮湿、饲料突变、营养不良、长途运输或继发于某些传染病。呈散发或暴发流行。

【治疗方法】 当疑似巴氏杆菌病时，尽早定性，隔离病兽。全群预防性投药更主动。口服药使用复方新诺明或喹乙醇。病兽用青霉素大剂量注射。结合解毒、强心、补液效果更好。也可试用畜、禽用高免血清治疗。

【预防措施】 中国农业科学院特产研究所已研制出毛皮兽巴氏杆菌多价疫苗，免疫期 6 个月，注射后无不良反应，保护率达 80%以上。每半年注射 1 次疫苗，可预防本病的发生。平时加强饲养管理，增强狐的体质，以提高狐对疾病的抵抗能力。不明原因死亡的畜禽肉类不要饲喂。兔副产品或屠宰厂其他下脚料一定要煮熟再喂。要做好各种应激反应的防范工作，可减少或杜绝该病的发生。

(七)大肠杆菌病

大肠杆菌病是由大肠杆菌引起的一种传染病，主要侵害幼龄毛皮动物，常呈现败血症状，伴有腹泻、血痢，并侵害呼吸器官或中枢系统。成年母兽患本病常引起流产和死胎。各种毛皮动物均易感染与发病。

【发生与传播】 断奶前后的幼龄兽易感染，育成兽也常发生，老龄兽很少出现。消化道是最主要的感染途径。其发生的条件与卫生不良、营养低下，饲料污染、变质，低温多雨等因素有关。有些情况下，是由于肠道菌群失调造成的内源性感染。在夏、秋季节发病率高，死亡率可高达50%。

【治疗方法】 发现病兽及时隔离治疗。可用高免血清200毫升，加新霉素50万单位，维生素B_{12} 200微克、维生素B_1 30～50毫克和青霉素50万单位静脉注射治疗。也可用庆大霉素，每次4万～8万单位，肌内注射，每日2次。氟哌酸，口服，每次2～4粒，每日2次。

对重症病例注射维生素C和维生素B_1，静脉注射5%～10%的葡萄糖注射液，每日1次，每次20～50毫升；5%的碳酸氢钠注射液，每次10～20毫升，每日1次。

还可用生态制剂代替抗生素进行治疗，效果也很好。

【预防措施】 严格执行兽医卫生防疫制度，及时注射大肠杆菌病和副伤寒多价灭活菌苗，在健康母兽配种前15～20天，注射大肠杆菌和副伤寒多价灭活菌苗，间隔7天再注射1次；健康仔兽可在30日龄起接种上述疫苗2次。平时可用消毒药品对环境、兽舍交叉喷雾消毒。可有效控制传染病和病毒病发生。定期在饲料内加入维生素替代品以增强免疫力，降低发病率。

（八）假单胞菌病

假单胞菌病又称水貂、狐绿脓杆菌病，是由假单胞菌属中的绿脓杆菌引起的一种急性传染病。病的特征是呼吸困难，出血性肺炎变化和肺水肿，脏器组织出血性病理变化。水貂是最易感染本病的毛皮动物，感染该病多表现为出血性肺炎，狐感染该病常表现为子宫内膜炎。

【发生与传播】 绿脓杆菌是一种条件性病原菌，在自然界的土壤、水和空气中分布甚广，对人、畜均有一定程度的危害。人和各种动物对绿脓假单胞菌均有易感性，患病和带菌的动物是主要传染源，通过直接和间接接触，经呼吸道、消化道及损伤的皮肤和黏膜感染，多呈地方性流行，饲养管理及环境卫生不良可促使本病发生。另外，由于应用抗生素不合理，抑制了绿脓杆菌抵抗性细菌，造成绿脓杆菌大量繁殖，发生该病。本病多发生在秋季，10月份最多，高度接触性传染是本病流行特点，因10月份是换毛季节，绒毛飞扬，易传染给健康的貂。狐常因人工授精器具、手臂或狐阴部消毒不严而引起子宫感染。

【治疗方法】 发生该病，立即隔离病貂、病狐，用抗生素治疗至取皮期取皮。病兽可用链霉素10万单位，肌内注射，每天2次，连用7天；庆大霉素2万单位，肌内注射，每日2次，连用7天；全群投新诺明，每只貂0.3～0.5克，混于饲料中饲喂。另外，使用多黏菌素和新霉素也有较好效果。

【预防措施】 对被污染的笼子、地面和用具，进行彻底反复消毒。笼子用火焰喷灯消毒，注意把绒毛烧净。用2%碱溶液刷洗小室。防止病貂与人员之间接触。

（九）阴道加德纳氏菌病

本病是我国近年来发现的人、畜及毛皮兽共患的细菌性传染病。狐最易感，貉、水貂也可感染。

【发生与传播】　目前，在我国各地养狐场中广泛流行，危害极大。据统计，在全国主要狐场通过对18 325头狐的血清学检验，阳性率为0.9%～21.9%，比较重的场达75%以上，空怀率为3.2%～47.5%，流产率为1.5%～14.7%。本病有明显的季节性，多在春季性兴奋期发生，成年狐发病率高于幼龄种狐。流行途径主要是通过种兽的交配传染。也可通过接触传染，如通过工具(抓狐钳、手套等)和饮食具传染。病兽的尿、粪污染的饲料和饮水也是传染途径之一。

【治疗方法】　治疗本病用红霉素、氨苄青霉素以及对阴性貉、狐注射阴道加德纳氏菌疫苗等均可治疗。

【预防措施】　预防本病，从外面引入狐时一定要检疫；另外，要加强饲养管理，以提高狐的抗病能力。最好的办法是用阴道加德纳氏菌病疫苗接种，即采用中国农业科学院特产研究所生产的狐狸阴加德纳氏菌病疫苗，对检疫为阴性的狐，进行肌内注射，每头1毫升，免疫期6个月。应注意的是，检疫为阳性的狐，因已经感染阴道加德纳氏菌病，此时注射疫苗无效，因为注射的疫苗会被病狐体内的抗体所中和。已经感染本病的狐，如果需要作种用时，需要用药物治疗，杀死体内阴道加德纳氏病菌，经过1个月，待自身抗体消失后再注射疫苗。

(十)水貂阿留申病

阿留申病是水貂特有的一种病程进展极为缓慢的传染病。也叫浆细胞增多症。病的主要表现是浆细胞增多，血清中丙种球蛋白增高、持续性病毒血症、肾小球性肾炎，伴有母兽空怀显著增加和秋、冬季节的大批死亡。

【发生与传播】　本病主要感染水貂，对其他动物的感染情况尚不清楚。水貂易感性，不分年龄和性别均可感染，但水貂的遗传类型与对本病的易感性有密切关系,蓝色和黄色彩貂发病率较高,而黑色和其他颜色较深的水貂的易感性则低得多。成年水貂感染率高于育成水貂,公貂高于母貂。本病有明显的季节性。秋、冬季节发病率和死亡率均大大增加。

本病的主要传染源是病兽和带毒兽。病毒长期存在于患貂体内,并从尿、粪和唾液中排出而污染外界环境,经过消化道和呼吸道传染健康水貂。此外,还可发生垂直传播,即感染母兽可将病传染给仔貂。本病传入貂群开始多呈隐性流行。随着时间的延长和病兽的增多,表现出地方流行性,造成严重损失。

【治疗方法】 本病没有好的治疗方法,无特效药物治疗,也无有效的疫苗预防。

【预防措施】 有效的防治办法是以检疫、淘汰阳性貂为主的综合性措施。每年检疫 2 次,1 次在选定种兽时,1 次在配种前。将阳性患兽隔离饲养,到取皮期淘汰。只有双亲都呈阴性的幼龄兽才能作种用。由于本病的带毒期长,引进种兽时应长期隔离观察,阴性者方可合群。

(十一)貉、貂沙门氏菌病

沙门氏菌病又称为副伤寒,貉、貂沙门氏菌病由猪霍乱沙门氏菌、鼠伤寒沙门氏菌和肠炎沙门氏菌引起的以高热、胃肠炎、脾脏急性肿大和肝脏变性为特征的急性传染病。

【发生与传播】 在自然条件下,毛皮动物中,银黑狐、北极狐、海狸鼠等易感,而水貂、紫貂等抵抗力较强。被沙门氏菌污染的饲料是本病的主要传染来源。当兽群抵抗力下降时,最易暴发本病,可在短时间内波及全群,且死亡率高。

【治疗方法】 当发病时,对病貉、貂和疑似病貉、貂均应立即治疗。可随饲料投服新霉素,每次 10 万～15 万单位,每天 2 次,连用 5 天。也可应用庆大霉素 2 万～4 万单位,肌内注射。

【预防措施】 预防沙门氏杆菌病主要是把住饲料和饮水卫生关。幼龄貉、貂可接种沙门氏多价菌苗，分 2 次，间隔 7 天，每次 1～2 毫升。

（十二）魏氏梭菌病

魏氏梭菌病又称肠毒血症，是由梭状芽孢杆菌引起的毛皮动物急性中毒性传染病。水貂、狐等均易感染，幼龄貂最敏感，幼狐次之，成年兽发病较少。

【发生与传播】 本病主要是动物食入被本菌污染的肉或鱼类而被感染。流行初期一般无任何临床症状，病兽突然死亡。病兽食欲不振或完全拒食，很少活动，步态不稳，呕吐，排液状带血粪便，头震颤，最后昏迷死亡。

【治疗方法】 本病无特异疗法，由于发病急，病程短，不易被早期发现，治疗效果不理想。一般用新霉素、土霉素、黄连素、氟哌酸等药物，每千克体重按 10 毫克投于饲料中喂给，早、晚各 1 次，连用 4～5 天。重症者可补液。

【预防措施】 预防本病主要是严格控制饲料的污染和变质，禁止饲喂腐败变质的饲料。当兽群发生本病时，应将病兽和可疑病兽及时隔离饲养，病兽污染的笼舍，用 1%～2%苛性钠溶液或火焰消毒。地面用 10%～20 的漂白粉溶液喷洒后，挖去表层，换上新土。

（十三）狐钩端螺旋体病

钩端螺旋体病又称传染性黄疸，是由钩端螺旋体引起的一种重要的人、兽共患病和自然疫源性传染病。临床诊断表现形式多样，主要有发热、黄疸、血红蛋白尿、出血性素质、流产、皮肤和黏膜坏死、水肿等。

【发生与传播】 早在 1926 年于英国的野生赤狐中就证实存

在钩端螺旋体病，以后在前苏联的银黑狐和北极狐中又相继确定。迄今，本病已在许多国家发现，常呈地方性流行或散发。

【治疗方法】 早期应用抗钩端螺旋体血清进行特异性治疗可获得良好的效果，一般注射 1 次，个别情况不见好转时，可进行2～3 次注射，间隔为 1～2 天。皮下注射血清用量：成年银黑狐、北极狐 25～30 毫升；1～3 个月龄仔狐为 5 毫升；3～6 个月龄幼龄狐注射 10 毫升。严重情况下，可用血清半量静脉注射。病初也可用青霉素治疗，狐每头 20 万～40 万单位。但狐患病早期不易发现，而晚期治疗效果不明显。

【预防措施】 预防本病应着重防止饲料和水源污染，加强对肉类饲料的检疫，并防止啮齿动物污染饲料和饮水。发现本病后，应立即隔离病兽并及时治疗。预防本病的最有效方法是接种钩端螺旋体病疫苗，成年狐用量 5 毫升，仔狐 2～3 毫升。

(十四)结 核 病

结核病是由分枝杆菌引起的一种人、兽共患的慢性传染病，其特征是在多种组织器官形成结核性肉芽肿(结核结节)，继而结节中心干酪样坏死或钙化。

【发生与传播】 本病在世界各地分布很广，曾经是引起人、兽死亡的重要疫病之一。目前已有不少国家控制了结核病，人、兽的发病率和病死率逐年减少，但在防治措施不健全的地区和国家，往往形成地区性流行。

貂、貉结核病的病原为牛型和禽型结核菌，人型也可感染。仅幼龄貂、貉易感性强。

【治疗方法】 可用链霉素或异烟肼、利福平等，但因药物太贵，从经济上看，治疗价值不大。最好是发现病貂、貉尽量隔离饲养，维持到取皮。但病貂、貉不能留作种用。

【预防措施】 目前对貂、貉结核病尚无特异性预防措施。为预防本病发生，必须严格检查和控制饲料。对结核病畜禽的肉类及其副产品，需去掉结核病变器官后，煮熟饲喂。此外，要加强饲养管理，增强动物群的抗病能力。

（十五）附红细胞体病

一种新发现的传染病，到目前为止，对附红细胞体的分类，还存在争议。过去认为附红细胞体是一种寄生在红细胞上的立克次氏体。近几年，对病原的基因序列分析结果表明，附红细胞体不应属于立克次氏体，附红细胞无细胞壁，无鞭毛，对青霉素不敏感，而对强力霉素敏感，目前多认为，附红细胞体应属于支原体。近期在一些养狐场内暴发流行。

【发生与传播】 本病在夏、秋季节多发，由蚊、蝇及吸血昆虫叮咬造成本病的传播。病原体在病兽的血液中大量繁殖，破坏红细胞，病狐表现发热、食欲不振、拒食，可视黏膜苍白、黄染、机体消瘦，有的排血便。

【治疗方法】 常用药物有，①盐酸土霉素注射液：每千克体重15毫克，肌内注射，连续2～3天。②血虫净：每千克体重3～5毫克，用生理盐水稀释深部肌内注射；同时肌内注射四环素注射液，每千克体重5～10毫克。

【预防措施】 搞好卫生，消灭场地周围的杂草和水坑，以防蚊、蝇孳生。大群注射疫苗时，要注意针头的消毒，做到一兽一针，以防由于注射而造成的传播。

思考题

1. 毛皮动物疾病预防措施有哪些？
2. 毛皮动物疾病扑灭措施有哪些？
3. 采取隔离措施时，应对群内所有动物进行逐头（只）检查，根据检查结果可将受检动物分为哪几群？对各群动物应如何对待?

4. 毛皮动物预防免疫应注意哪些事项?

5. 怎样预防毛皮动物病毒性传染病?

第八章　毛皮动物防疫员的工作记录与登记表

毛皮动物防疫工作记录与报表的制作和填写，是动物防疫工作的基础和总结。工作记录与报表能客观反映动物防疫的范围、质量；能揭示动物疫病流行的特点、危害程度、消长规律，可为控制和扑灭疫情提供第一手资料。同时，也可反映防疫员对工作负责程度，作为其劳动考核的参考资料。因此，各级动物防疫机构应抓好动物防疫工作记录、报表的填写工作。按要求每日做好工作记录，按月、按季、按年度填写工作报表。

一、毛皮动物防疫员的工作记录

主要包括：①每日执行防疫任务，包括养殖场地点、动物类别、数量、检查结果，发现问题及提出的合理化建议。②参加的重要活动，如参加会议、培训、协助动物防疫监督机构进行的工作事项等。③重要情况和疫情报告。④工作失误及反思等问题。

二、毛皮动物防疫员工作情况登记表

为了规范动物防疫工作，便于收集、整理、统计有关情况和数据，有些单位结合实际工作需要，制订了有关防疫工作的登记（统计）表，其项目、内容、规格、种类等尚未统一。下面根据毛皮动物养殖场具体情况制订了几种登记（统计）表，仅供参考。

表 8-1 毛皮动物饲养情况统计表

填表单位： 单位：只（头）

<table>
<tr><th rowspan="4">项 目</th><th colspan="10">动物类别</th></tr>
<tr><th colspan="3">狐</th><th colspan="3">水 貂</th><th colspan="3">貉</th><th rowspan="3">其 他</th></tr>
<tr><th colspan="2">种 用</th><th rowspan="2">皮用</th><th colspan="2">种 用</th><th rowspan="2">皮用</th><th colspan="2">种 用</th><th rowspan="2">皮用</th></tr>
<tr><th>公</th><th>母</th><th>公</th><th>母</th><th>公</th><th>母</th></tr>
<tr><td>存栏数</td><td></td><td></td><td></td><td></td><td></td><td></td><td></td><td></td><td></td><td></td></tr>
<tr><td>购入数</td><td></td><td></td><td></td><td></td><td></td><td></td><td></td><td></td><td></td><td></td></tr>
<tr><td>出生数</td><td></td><td></td><td></td><td></td><td></td><td></td><td></td><td></td><td></td><td></td></tr>
<tr><td>淘汰数</td><td></td><td></td><td></td><td></td><td></td><td></td><td></td><td></td><td></td><td></td></tr>
<tr><td>卖出数</td><td></td><td></td><td></td><td></td><td></td><td></td><td></td><td></td><td></td><td></td></tr>
<tr><td>死亡数</td><td></td><td></td><td></td><td></td><td></td><td></td><td></td><td></td><td></td><td></td></tr>
<tr><td>总 数</td><td></td><td></td><td></td><td></td><td></td><td></td><td></td><td></td><td></td><td></td></tr>
</table>

填表人： 负责人： 日 期： 年 月 日

注：总数＝存栏数＋购入数＋出生数－淘汰数－卖出数－死亡数

表 8-2 预防免疫接种计划表

填表单位： 单位：只（头）

<table>
<tr><th rowspan="2">动物类别</th><th colspan="4">项 目</th></tr>
<tr><th>接种疫苗种类</th><th>应接种时间（年月日）</th><th>应接种头数</th><th>计划接种头数</th></tr>
<tr><td>狐</td><td></td><td></td><td></td><td></td></tr>
<tr><td>水 貂</td><td></td><td></td><td></td><td></td></tr>
<tr><td>貉</td><td></td><td></td><td></td><td></td></tr>
<tr><td>其 他</td><td></td><td></td><td></td><td></td></tr>
<tr><td>合 计</td><td></td><td></td><td></td><td></td></tr>
</table>

填表人： 负责人： 日 期： 年 月 日

注：此表在免疫接种前填写，以便按计划购买疫苗

表 8-3　预防免疫接种情况统计表

填表单位：　　　　　　　　　　　　　　　　　　　单位：只（头）

动物类别	项　目				
	接种疫苗种类	接种时间（年月日）	计划接种头数	实际接种头数	接种后异常情况
狐					
水　貂					
貉					
其　他					
合　计					

填表人：　　　　负责人：　　　　　日　期：　　年　月　日

表 8-4　病死兽剖检处理登记表

填表单位：　　　　　　　　　　　　　　　　　　　单位：只（头）

动物类别	项　目				
	死亡头数	死亡时间	死亡原因	主要剖检特征	尸体处理方式
狐					
水　貂					
貉					
其　他					
合　计					

填表人：　　　　负责人：　　　　　日　期：　　年　月　日

思考题

毛皮动物防疫员为什么要做好动物防疫记录？

主要参考文献

1 江苏省畜牧兽医学校编．兽医消毒技术．北京:中国农业出版社,1996

2 佘锐萍．养殖生产实用消毒技术．北京:中国农业出版社,2004

3 张彦明．动物防疫与检疫技术．北京:高等教育出版社,2002

4 邱伯根,王兰平.动物防疫监督员检疫员培训教程.北京:中国农业科学技术出版社,2006

5 农业部人事劳动司,农业职业技能培训教材编审委员会组织编写.动物检疫检验工.北京:中国农业出版社,2004

6 王玉田.免疫程序的设计.中国动物保健,2006

7 李菊兰,李雪人.浅谈当前基层兽用疫苗管理、使用现状及对策.养禽与禽病防治.2007

8 应世吉,杜喜忠.兽医临床免疫失败的原因及对策.畜牧兽医杂志,2007

9 汪恩强.毛皮动物标准化生产技术.北京:中国农业大学出版社,2003

10 周新民.动物药理.北京:中国农业出版社,2001

11 高玉鹏.毛皮与药用动物养殖大全.北京:中国农业出版社,2005

12 闫新华.毛皮动物消化系统、呼吸系统、泌尿系统疾病及脑炎常用药物问答.特种经济动植物,2007

13 侯加法.小动物疾病学.北京:中国农业出版社,2002

14 吴远彬.特种经济动物疾病早防快治.北京:中国农业科

学技术出版社,2006

15 汪恩强,金东航,黄会岭.毛皮动物标准化生产技术.北京:中国农业大学出版社,2003

16 刘鼎新,刘长明.毛皮兽疾病防治.北京:金盾出版社,1999

17 胡思超.家畜寄生虫病学.北京:中国农业出版社,2002

18 张振兴.经济动物疾病学.北京:中国农业出版社,1994

19 覃能斌,孙海霞,刘春龙.实用养狐技术大全.北京:中国农业出版社,2004

20 佟煜人,籍玉林.毛皮兽养殖技术问答.北京:金盾出版社,1999

稻田围栏养鸭	6.50 元
科学养鹅	3.80 元
高效养鹅及鹅病防治	6.00 元
鹌鹑高效益饲养技术	8.50 元
鹌鹑火鸡鹧鸪珍珠鸡	5.00 元
美国鹧鸪养殖技术	4.00 元
雉鸡养殖(修订版)	6.00 元
野鸭养殖技术	4.00 元
野生鸡类的利用与保护	9.00 元
鸵鸟养殖技术	7.50 元
孔雀养殖与疾病防治	6.00 元
珍特禽营养与饲料配制	5.00 元
肉鸽信鸽观赏鸽	5.00 元
肉鸽养殖新技术(修订版)	10.00 元
肉鸽鹌鹑良种引种指导	5.50 元
肉鸽鹌鹑饲料科学配制与应用	8.00 元
鸽病防治技术(修订版)	8.50 元
家庭观赏鸟饲养技术	11.00 元
家庭笼养鸟	4.00 元
爱鸟观鸟与养鸟	14.50 元
芙蓉鸟(金丝鸟)的饲养与繁殖	4.00 元
画眉和百灵鸟的驯养	3.50 元
鹦鹉养殖与驯化	9.00 元
笼养鸟疾病防治	3.90 元
养蜂技术(第二次修订版)	7.50 元
养蜂技术指导	7.00 元
实用养蜂技术	3.50 元
简明养蜂技术手册	7.00 元
怎样提高养蜂效益	7.00 元
蜂王培育技术	5.50 元
蜂王浆优质高产技术	5.50 元
蜜蜂育种技术	12.00 元
蜜蜂病虫害防治	4.00 元
蜜蜂病害与敌害防治	7.00 元
无公害蜂产品生产技术	9.00 元
蜂蜜蜂王浆加工技术	5.50 元
蝇蛆养殖与利用技术	6.50 元
桑蚕饲养技术	3.00 元
养蚕栽桑 150 问(修订版)	6.00 元
蚕病防治技术	4.00 元
图说桑蚕病虫害防治	17.00 元
蚕茧收烘技术	5.90 元
柞蚕饲养实用技术	9.50 元
柞蚕放养及综合利用技术	7.50 元

以上图书由全国各地新华书店经销。凡向本社邮购图书或音像制品,可通过邮局汇款,在汇单“附言”栏填写所购书目,邮购图书均可享受9折优惠。购书30元(按打折后实款计算)以上的免收邮挂费,购书不足30元的按邮局资费标准收取3元挂号费,邮寄费由我社承担。邮购地址:北京市丰台区晓月中路29号,邮政编码:100072,联系人:金友,电话:(010)83210681、83210682、83219215、83219217(传真)。